洞见智慧

李向阳——编著

北京时代华文书局

图书在版编目（CIP）数据

洞见智慧 / 李向阳编著. -- 北京 :北京时代华文书局,
2025.7. -- ISBN 978-7-5699-6096-9

Ⅰ. B848.4-49

中国国家版本馆 CIP 数据核字第 2025Y1K290 号

DONGJIAN ZHIHUI

出 版 人：陈　涛
责任编辑：邢秋玥
责任校对：李一之
装帧设计：仙境设计
责任印制：刘　银

出版发行：北京时代华文书局 http://www.bjsdsj.com.cn
北京市东城区安定门外大街 138 号皇城国际大厦 A 座 8 层
邮编：100011　电话：010-64263661　64261528

印　　刷：三河市冠宏印刷装订有限公司
开　　本：710 mm×1000 mm　1/16　　成品尺寸：160 mm×230 mm
印　　张：10　　字　　数：130 千字
版　　次：2025 年 7 月第 1 版　　印　　次：2025 年 7 月第 1 次印刷
定　　价：39.80 元

前言

人人都想活得通透，充满智慧，虽然这看似不易，但并非遥不可及。明代大儒王阳明曾说“圣人之道，吾性自足”，智慧其实就蕴藏在我们内心深处，我们需要做的是不断进行自省、提升、修身。

对人生、世界等问题的深刻洞察和理解，意味着打破了传统思维和认知的局限。这种认知方式不仅是某一时刻的顿悟，更是一种渗透于日常生活的智慧与修养。真正的洞见者并非世外高人，而是那些心灵通透之人。那么，如何快速提升洞见力，遇见更智慧的自己呢？

洞见意味着要超越事物的表象，直达其本质，观察其中潜藏的内在规律。更为重要的是，拥有洞见力的人已经摆脱了二元对立的狭隘思维，不再受限于非黑即白、非此即彼的简单逻辑，能够以一种全面且和谐的视角，去观察世间万物。这使人们能够以更加开放、包容的心态，面对周围的世界。

洞见力强的人内心通达自在，坚如磐石。他们能够拒绝外在的诱惑与干扰，不为名声、利益所迷惑，也不为成败得失而忧虑。正如老子有言：“知足不辱，知止不殆，可以长久。”真正的智慧在于拥有一颗不受外界纷扰影响的心，保持自在从容，淡定面对世事的变迁。

洞见力强的人懂得谨言慎行、三思而后言。《鬼谷子》中有言：“口者，心之门户也。”嘴巴是表达内心思想的工具，言辞反映了一个人的修养。《庄子》中也写道：“狗不以善吠为良，人不以善言为贤，而况为大乎！”说话是一种本能，沉默也是一种能力。通透之人往往“不闻不问”，少说多做，专注于自我反省。

洞见力强的人宽容坦荡，乐于接受新事物。《省心录》中写道：“和以处众，宽以接下，恕以待人，君子人也。”物随心转，境由心造。人都有做错事的时候，交往中难免有误解，懂得换位思考，麻烦就会减少；懂得将心比心，感情就会加深。许多人和事，都是可遇不可求的，放宽心态，就能始终保持豁达开朗的心境。

《了凡四训》中写道：“凡天将发斯人也，未发其福，先发其慧。”修炼洞见力，并非为了逃避生活，恰恰相反，是为了更坦然地拥抱生活，为了用一种平和的心态去观察世间万物。当我们眼中无坏事，能接纳一切事情的发生，心中无烦恼，能接受所有好与坏，就如拨云见日，不执着于事物本身，而是以一种更加豁达的心态去外观世界，内察自己。

本书引经据典，以经典事例和名家之言，形象生动地展现了智者的心态和心境。同时，从十个不同的角度深入分析并解读人生智慧。最后，本书还提供了切实可行的方法，帮助读者驱散思想上的迷雾，成为一位通达灵动的智慧之人。

目录 CONTENTS

第一章

谋局：谋大事者，先谋局

第一节

运筹帷幄之中，决胜千里之外

《孙子兵法》有言："善战者，立于不败之地，而不失敌之败也。"这不仅适用于战争，同样适用于人生。正如一盘精心设计的棋局，只有懂得运筹帷幄，才能在不断的落子中实现胜利。

"运筹帷幄之中，决胜千里之外"，帷幄原指将帅的军帐，象征着战场上的指挥中心。运筹，则是指在战争中制定战略和战术的过程。这句话强调的是成功的战略家必须在行动前进行缜密思考和全面规划，深入分析敌我双方的力量对比、地理条件以及资源配置等诸多因素，并据此设计出最有效的作战策略。只有在精心筹划的基础上，才能使得战争最终走向胜利。

秦末楚汉相争，项羽率军北上平定叛乱，带走了楚军的精锐，只留下数千老弱残兵守城。刘邦趁机联合诸侯偷袭楚国国都彭城，很容易攻陷了目标。项羽得到消息后，将大军留在原地，亲自带领三万兵马回援彭城。汉军措手不及，被打得溃不成军。

刘邦边逃边收拢残部，到达下邑才得以喘息。他询问张良："我打算把函谷关以东的地方作为封赏，谁能帮我讨伐项羽？"

张良说："九江王英布虽为楚国猛将，但他和项羽之间存在嫌隙。在之前的战争里，他一直袖手旁观，项羽必定对他心存猜疑，而他也想脱离项羽。此时彭越应该和田荣在梁地一同反楚，这两个人都是可以利用的。而汉军中的大将韩信也可以独当一面。大王您若将这些地方分给他们，就可以大败楚国了。"

果然，刘邦采纳了张良的计策后，双方局势发生了转变。项羽陷入腹背受敌的困境，疲于奔命，最终逃至乌江边自刎身亡。

战争不仅是两军的直接交锋，更是一场持久的较量。胜负往往在千里之外就已经注定。正因如此，正确的战略部署与实施至关重要，它们能够在战场上带来决定性的胜利。正如孙子所言："故善战者，致人而不致于人。"

"凡事预则立，不预则废。"行动之前，必须进行充分的准备，深入分析外部环境和潜在对手的情况。基于这些深入的洞察，才能制订出最为合适的行动方案。

秦国名将王翦，对士兵的生命安全极为珍视。每当接到作战命令，他都会事先做好万全的准备。秦王政十一年（公元前 236 年），王翦受命讨伐赵国。

王翦在大战之前进行了周密的筹备，并对部队进行了优化：他将三支军队合并统领，又下令将俸禄低于一斗的士兵全部遣散回家。然后从剩余人员中选拔出 20% 真正有实力的士卒，由这些精锐组成进攻的队伍。

得益于他的充分准备，王翦在那次战役中大放异彩，接连攻克赵国阏与等九座城池，轰动各国。

"运筹帷幄"的智慧不仅能应用于军事领域，它同样适用于我们日常生活中的种种挑战与竞争。无论是职业发展的道路还是个人目标的追求，都需要我们运用战略思维进行周密的规划和决策。

"凡事预则立，不预则废。"不管面对任何问题都是如此，只有提前规划，才可能有一个大概的方向，或许还能获得一个好的结果。比如，在确定了目标，开始做事之前，我们需要充分了解相关的信息、掌握必要技能以及购买所需物资等。只有做好充分的准备，我们才能顺利地推进计划的实施。

同时也要有忧患意识，能够识别和预测可能发生的风险。提前制定切实可行的应对措施，确保隐患得以排除，或者能够想出处理突发情况的预案，避免自己在实施过程中被扰乱。只有事事先想到，事事谋划到，才能少后悔，少犯错，少走弯路。

优秀的战略家之所以能够运筹帷幄、决胜千里，正是因为他们具备深厚的智慧和敏锐的洞察力。对于我们普通人而言，同样需要培养自己的智慧和洞察力，学会在日常生活和工作中发现问题、分析问题、解决问题。只有这样，我们才能在竞争激烈的环境中立于不败之地，实现个人和事业的持续发展。

第二节

谋定而后动，则无往不胜

“谋先事则昌，事先谋则亡。”古人告诉我们，无论从事何种事业，都应先进行周密的规划。只有当计划充分、合理且科学时，执行起来才能得心应手。

在任何行动之前，缜密的思考都是不可或缺的。思考是行动的先导，只有在行动前投入足够的时间进行深思熟虑，我们才能将“知易行难”变成“知易行也易”。

隋朝时有一位名叫李春的官员，他目睹了洨河每逢雨季便水位猛涨、水流湍急的景象，给百姓出行带来极大不便。因此，他下定决心要修建一座桥梁。

当时，人们普遍建造木桥，因其便捷且成本低廉。然而，李春并未急于用木头搭建桥梁。他经过周密的考察，依据河道宽度、水流速度以及河床的地质状况精心绘制图纸，经过与工匠们的反复讨论，最终决定采用石材建造桥梁。

李春与工匠们不断优化桥梁的设计方案，经过多次修改，最终敲定了施工计划。实践证明，前期的准备工作是至关重要的。在施工过程中，他们遇到的问题并不多，即便出现难题，李春也准备了相应的应对策略。

李春带人建造的石质桥梁，历经千年风雨，依旧屹立不倒，一直造福着当地的百姓。这座桥，就是举世闻名的赵州桥。

在采取行动之前，我们必须仔细评估达成目标的所需条件以及我们所拥有的资源，以确保我们的计划既可行又易于操作。在明确自己的能力范围之后，再制订详尽的计划。例如，一位成功的企业家在公司推出新产品或开拓新市场之前，一定会对市场需求、竞争对手、消费者心理、自家产能等进行全面的调研和分析。只有这样，才能制定出切实可行的营销策略，确保自己在激烈的市场竞争中立于不败之地。

《孙子兵法》中说："多算胜，少算不胜，而况于无算乎？"我们的考虑越周全，筹划越得当，胜算就越大。如果时间充足，我们可以在做事之前确定好上、中、下三个方案，甚至更多方案。多方案的准备并不会造成负担，但如果计划不够周密，遇到问题后再临时想办法，就会浪费宝贵的时间，而且在紧急情况下很难想出好的解决办法。

不过，这三个方案并非孤立存在，而是相互关联、相互补充的。一般情况下，我们制订的上策是最理想的方案，成效也最好，但可能需要具备诸多有利条件才能实现。中策是较为稳妥的选择，在一定程度上平衡了风险和收益，性价比会较高。而下策则是保底的方案，用于应对最坏的情况。

刘邦建立汉朝不久后，淮南王英布起兵反叛。刘邦打算御驾亲征，问薛公自己能有多少胜算。薛公认为刘邦必胜无疑，刘邦好奇他是如何得出这个结论的。

薛公分析道："英布可能有三种策略。上策是东取吴、西取楚、北并齐鲁，以燕赵为封地固守。中策是东取吴、西取楚、夺取韩魏的粮食、用重兵守成皋。下策则是东取吴、西取下蔡，重兵守淮南。我推测，英布必然会选择下策，陛下只需率军长驱直入，定能大获全胜。"

刘邦问："为什么你会料定他选择下策？"

薛公回答："英布目光短浅，有勇无谋，只会考虑眼前的利益，固守自己的淮南。"

刘邦依计进攻，英布果然大败而逃。他逃到江南后，被吴回诱杀，叛乱最终得以平定。

“谋定而后动”强调的是一种理性思考的态度。无论我们是在做评估，还是在做计划，都要保持冷静清醒的头脑。保持理性，我们才能看到更多的细节，让自己的计划更加完善。保持理性，我们才能始终记得自己的目标是什么，不会在思考时偏离轨道，导致计划不能按时完成。

周密的计划和科学的方法确实是成功的关键，但同样需要行动来推动落实。否则，再实用的方案也只是一纸空文，再美好的蓝图也只是空中楼阁。

思考，总是伴随着问题；行动，才能找到答案。正如美国“石油大王”洛克菲勒所言：“没有行动就没有结果，世界上没有一件东西不是由一个个想法付诸实施得来的。”只有在行动中，我们才能发现计划的问题，并进行必要的修改和调整。

第三节

全局思维，智者的眼光与格局

古语有言："不谋万世者，不足谋一时；不谋全局者，不足谋一域。"成大事者，既见树木，亦见森林。我们必须胸怀全局，方可立足一隅；必须洞悉大势，才能布局好我们的人生。

《史记》有言："大行不顾细谨，大礼不辞小让。"如果我们过分地苛求细节，往往难以成就大业。唯有从大局出发，以大局为重，方能拓展自身的视野。

宋朝的范仲淹在京师任职时，麾下聚集了许多被贬斥、被排挤的官员。旁人对此感到不解，质疑他为何选用这些人，甚至有人揣测他是为了便于结党营私。

然而，范仲淹认为，真正有大才之人，往往不拘泥于小节。若只关注小瑕疵，便会错失大才。因此，当有人质疑他为何不顾舆论，专门任用被贬官员时，范仲淹回应道："如果一个人有才能且没有犯过错，那他自然会得到朝廷的重用；如果一个人有才能，但是因犯过错就被全部否定，不能根据具体情况被朝廷重新起用，那这个人才就会被埋没。"

智者擅长站在更高的视角看待问题，从整体去理解和分析问题，不被局部细节束缚，也不局限于个人的狭隘思想。

"谋之不远，是用大简。人我迭居，吉凶环转。老成借筹，宁深毋浅。"眼前的利益固然诱人，但如果我们只看重眼前的利益，追求速成，最终可能会失去更多。为了实现长远目标，我们必须学会放弃一些短期利益。例如，若想和自己喜欢的人在一起，就要拒绝那些看似合适的替代选择；若想要实现梦想，就要放弃那些看似轻松的“捷径”。

宋朝时期，海州以产盐著称，官府可以卖盐盈利。新任海州知州孙伯纯上任后发现，掌管漕运事宜的发运司计划在洛要、板浦、惠泽三地增设盐场。他认为，建立过多的盐场，并不是长久之计。

发运使亲自到孙伯纯的官邸，要求务必促成这件事。海州的百姓也觉得这是好事，于是集体去府衙请愿。孙伯纯试图劝说百姓：“你们只看到了官府卖盐有利可图，却不明白官盐面临的最大风险不是供不应求，而是供过于求。盐产量大增，未来必然会导致卖不出去的局面，不出30年，你们将目睹其危害。”

孙伯纯离开海州后，盐场得以顺利建立。然而不久之后，新盐场产出的盐堆积如山，既难以销售，也无法运往其他地方。盐场持续亏损，导致民众纷纷倾家荡产。当地冲突不断，案件频发，衙役们应接不暇。这时，人们才意识到孙伯纯的远见卓识。

《韩非子》中写道：“智术之士，必远见而明察。”眼前的既得利益固然诱人，但是越有远见的人，越懂得放下眼前微小的利益。

那么，如何才能培养全局思维？“大数据之父”维克托·迈尔-舍恩伯格给出了答案——框架思维。

高手做事，都有自己的框架。框架类似于建筑物的整体结构，有了它，我们才能从宏观的视角审视问题，从而全面掌控并驾驭全局。框架思维的核心在于构建自己的思维体系。在面对困难时，不能只关注眼前的问题，还要从整体上分析问题的构成、各部分之间的联系以及它们对整体的影响。每一个细节、每一个小问题都不是孤立存在的，我们必须避免仅针对表面症状采取措施的短视行为。

利用框架思维来审视问题，意味着我们需要站在更高的位置俯瞰整个局势，要能够跳出当前的场景，找到隐藏在更深层次中的规律和特征。然而，在观察整个局势时，也不能忽视关键细节，要注意宏观和微观的平衡。

框架思维不仅是一种看问题的视角，更是一种解决问题的工具。面对复杂的问题时，我们不妨将其拆解成几个部分，然后逐一解决。要实现问题的分解，首先需要构建问题的框架，明确问题的核心要素、影响因素和解决问题所需条件等。例如，企业面临转型升级时，领导者可以搭建一个包含市场分析、内部资源调配和技术升级等要素的框架，确保在转型过程中的每一步都有明确的方向指引。

通过掌握框架思维，我们就能超越眼前的琐碎细节，从更宏观的角度统领全局，向着成功一路前行。

第四节

从识破到反制：将计就计的实战应用

《鬼谷子》中有言："欲闻其声反默，欲张反睑，欲高反下，欲取反与。"面对对方的如意算盘，我们不妨装作不知情，对方想要得到的，我们便慷慨给予，将对方的计谋直接变成我们的谋划。

在这一过程中，重要的是保持冷静与理智，不被表面的现象迷惑。通过深入观察和分析，我们可以发现对方计谋中的漏洞和软肋。一旦识破了对方的意图，我们就可以开始布局反制。这样，我们不仅能够化解对方的攻势，还能借此机会反击，让对方措手不及。

《三国演义》中记载了这样一个故事。

孙权在设计杀害关羽之后，将关羽的头颅转送给了曹操。曹操见心腹大患已除，大喜过望。

然而，司马懿立刻洞察了这是孙权的"移祸"之计，并献上对策："曹公，您可将关羽的头颅与香木雕琢的身躯相匹配，以朝中重臣之礼，郑重安葬。如此一来，刘备必然不再对我方心怀怨恨，而只会将怒火转向东吴，全力发动东征。而我方则可坐观虎斗，若刘备胜出，我方便乘势攻打东吴；若东吴取胜，我方亦可联合东吴之力，共同铲除刘备。"

曹操听后大喜，立刻按照司马懿说的去做。准备了棺椁、丧仪后，曹操率领文武百官，以王侯之礼隆重地为关羽举行了葬礼。曹操亲自在灵前拜祭，并追封关羽为荆王，还专门派官员长期守护关羽的陵墓。这种规格的葬礼在魏国是前所未有的。

果然，刘备听说曹操厚葬了关羽之后，将仇恨锁定在了孙权身上，誓要为关羽报仇雪恨。

竞争无处不在，有竞争的地方就需要我们斗智斗勇。有时候，别人故意为难我们或是将我们捧得高高的，目的就是要牵引起我们的情绪，让我们丧失理智、失去方寸，在竞争中落败。但是，如果我们能够快速识破对方的意图，将计就计，就能反制对方。

任何“将计就计”的成功运用，都是以“料敌”为前提的。古人说：“用兵必须审敌虚实而趋其危。”不知对方的策略，根本就谈不上将计就计。因此，我们要辨别清楚对方计策的真假、虚实程度，以及随着客观情况的变化而变化的因素。

要想快速识破对方的手段，我们必须做到知己知彼。一个人的行为是外显的，而他的思想却是内隐的。因此，我们在与人交往的时候，必须先深入地了解对方，知道对方的所思所想，才能大致推测出对方的举措。

《三国演义》中记载了这样一个故事。

诸葛亮率兵北伐，准备兵出子午谷直取长安。司马懿根据这一路线推断出诸葛亮性格谨慎，不敢冒险。后来，司马懿率领15万大军攻打西城。当时西城只有2500名士兵和诸葛亮带领的一班文官，情况十分危急，大众人心惶惶。

然而，诸葛亮并未慌张，他把所有的旌旗都藏起来，又叫士兵把四个城门打开，每个城门派20名士兵扮成百姓模样，洒水扫街。诸葛亮自己则鹤氅纶巾，领着两名小书童，带上一张琴，到望敌楼上凭栏坐下，燃起香，一边弹琴一边等候司马懿。

司马懿见状，认为谨慎的诸葛亮必是在城里安排了伏兵，才敢如此大开城门，气定神闲。所以他选择了不进城，甚至迅速退兵。但司马懿不知道，诸葛亮正是利用了司马懿对他的了解，才兵出险棋，设下了“空城计”。

运用“将计就计”策略有两个关键点：一是必须清楚地识别出对方的谎言所在，二是要让对方信服自己已经落入了他的计谋。如果连事实真相都未能掌握，那么捕捉对方的失误，“将计”便无从谈起；如果对方不能信以为真，就会产生警觉，“就计”也就难以实施。

表面上，我们可以假意遵从对方的计划，以此麻痹对方，诱使对方露出更多的破绽。然后，我们因势利导，利用对方设计的策略再设计另一个策略，最终让局势朝着对我们有利的方向发展。

在实施“将计就计”时，通常需要做到以下几方面。

1. 洞察敏锐：迅速识别对手的计谋，明晰其真实意图和策略的核心。

2. 充分收集情报：详细探究对方计谋中的细节、布局背景和相关人物的各类信息。

3. 保持冷静：发现对方的意图后，保持理性和冷静，尽量客观地思考应对方案。

4. 随机应变：根据局势变化及时调整自己的策略，灵活地应对对方的招数。

5. 掌控全局：全面把握局势，包括现有资源、自身能力以及外部环境等，以确保“将计就计”的策略能够顺利执行。

使用“将计就计”没有固定的模式，需要我们在实践中不断领悟。通常，我们还需要根据对方所施的计谋灵活调整策略。

第五节

反其道而行之，找到问题的突破口

沃伦·巴菲特的黄金搭档查理·芒格主张：“如果我们从问题的反面或相反方向思考，往往能更深入地把握事物的本质。”打破既有的认知框架，重新审视问题的核心，我们往往能发现那些被传统思维忽略的地方。

在遇到难题时，我们可能会陷入思维的僵局，无法找到解决之道。既然常规方法无法奏效，不妨尝试逆向思维，换一条路径，或许就能收获意想不到的成果。

一位顾客在超市购物时手机被盗，他焦急地向工作人员求助。

工作人员思索片刻，便向失窃的手机发送了一条消息：“女士，我在超市联系不到您。我帮您采购的品牌包已放在超市储存柜 06，密码是……”

随后，试图打开储存柜的小偷被当场抓获。

我们的大脑习惯于利用过往的经验和知识来寻找快速解决问题的方案，这是我们固有的认知模式。然而，这种固有的认知模式有时会限制我们的思维，使我们陷入困境。通过站在问题的对立面进行思考，我们可以开拓新的思路，发现解决问题的新视角，从而找到突破口。

想要打破常规思维，我们可以尝试运用心理逆反法。因为当我们面对被强制要求或期望时，很可能会出于逆反心理而选择做相反的事情。这种方法源于我们对自由和选择的追求，以及对权威或他人的控制的抵制，是逆向思维的经典代表。

2013年，瑞典交通管理局曾推出一则公益广告，广告中展示了一位老人在公路上驾车狂飙，速度之快让人心惊胆战。

按照常规的公益广告思路，接下来应该是老人发生车祸，以此来警示观众。然而，这则广告在这一场景下配上了“超速让你的生命更长”的字幕。

这种出人意料且看似不合逻辑的广告手法激发了广泛的讨论。它触发了观众的逆反心理，人们普遍认为老人开车这么快是危险的，从而开始关注并思考超速驾驶的严重危害。

面对复杂的问题时，我们可能一时难以厘清头绪，这时不妨试试逆向倒推法。从最终目标开始，逐步倒推每个步骤，以确定实现目标的最佳路径，并思考所需的关键条件。这样做可以更清晰地识别实现目标过程中可能遇到的障碍以及关键点在哪里，从而提前做好应对准备。

在职场中，逆向倒推法常用于从客户体验出发，思考如何设计产品和服务以满足客户的需求并促使他们持续使用。以苹果联合创始人乔布斯为例，他在设计首款 iPhone 时，不断地问自己如何打造一款让用户感到“神奇”的手机，最终设计出了具有划时代意义的智能手机。

除了逆向倒推法，我们还可以使用逆向假设法：从相反的角度考虑问题，探索不同的答案。例如，作为设计师，我们可以尝试将某个产品的主要功能进行逆向思考，以期发现更好的设计方案。我们还可以预设一个可能的失败结果，然后思考如何避免这一结果，制订与之匹配的应对方案。比如，在追求卓越的工作业绩时，我们也需要考虑可能导致自己被解雇的原因，并采取措施避免这些情况发生。

无论采用何种逆向思考方法，关键在于勇于创新。如果我们缺乏冒险精神，不敢尝试新的思维和方法，就只能停滞不前。

逆向思考并非为了标新立异，而是为了从不同的角度找到解决问题的方法，让我们的工作可以更加高效。

第二章

隐忍：蓄势待发，深藏不露是高手

第一节

羽翼未丰时，要藏锋守拙深耕自己

常言道：“人在屋檐下，不得不低头。”在力量不足时，我们必须学会谦逊。在沉寂的时光中，我们应默默努力，提升自己的实力，期待未来能够一飞冲天。

《菜根谭》中写道：“藏巧于拙，用晦而明。寓清于浊，以屈为伸。”在低谷时期，能够隐忍者胜出；无法隐忍者则会被淘汰。即使我们才华横溢，处于人生低谷时，也需保持冷静。收敛锋芒，向外界示弱，守住人生的低处，才能攀上生命的高峰。

《三国演义》中记载了这样一个故事。

刘备实力尚弱时曾投靠曹操。他深知曹操性格多疑，便隐藏起自己的雄心壮志，每天在院子里浇水种菜，过着闲适的生活。

一天，曹操设宴招待刘备。二人在亭子中对坐，一边品尝青梅，一边畅饮。曹操问刘备游历四方，可否识得天下的英雄。刘备陆续说了袁术、袁绍、刘表、孙策等人，但曹操对这些人都不屑一顾。

曹操对刘备说：“若论天下的英雄，恐怕只有你我二人。”刘备以为自己的野心被识破，吓得将筷子掉到地上。恰巧这时候雷雨大作，刘备顺势说：“一震之威，乃至于此。”

曹操再次试探刘备：“像你这样的大丈夫也怕打雷吗？”

刘备回答：“即使是圣人，也会因疾风迅雷而色变，我又如何能不害怕呢？”刘备巧妙地掩饰了掉落筷子的事，成功打消了曹操的怀疑。

遇到各种纷争和挑战时，若是锋芒毕露，处处彰显自己的棱角，只会让周围的人敬而远之，甚至给自己招来麻烦。后人根据《周易》的内容提出了“潜龙在渊”一词，意思是说君子应伺机而动，要善于保存自己的实力，不可轻举妄动。

在自己羽翼未丰之时，我们要学会韬光养晦，收敛锋芒。过早暴露自己的意图，会让对方有所准备，这可能使得我们在行事时被设置诸多阻碍，甚至落得失败的结局。不要轻易展露自己，也不要在无关紧要的事情上炫耀能力和才华，而应在关键时刻发力，以取得更显著的成就。

乾隆皇帝决定立储并退位，和珅虽不愿更替君主，却无法左右乾隆的意志。和珅急于了解新君对他的态度，因此在太子人选未公布前，从乾隆那里探得消息，提前告诉永琰并送上贺礼。

永琰收下礼物后诚恳地说：“若非时势所迫，本应亲自前去拜会和大人，才对得起和大人对我的照顾。”他写下一首《咏玉如意》，送给和珅。和珅得知他的态度后，停止了奉承，转而派吴省兰监视永琰并打压他周围可能成为自己政敌的人，导致永琰被孤立。然而，永琰在表面上仍然对和珅赞赏有加，这使得和珅更加傲慢无礼。

永琰正式登基后，乾隆皇帝逐渐衰老，言语含糊，唯有和珅能理解其意。因此，乾隆皇帝的圣谕都要经由和珅之口传达给群臣，和珅成了朝廷的实际掌控者。三年里，永琰不仅要受太上皇乾隆的压制，还要被和珅排挤，但他始终未发一言。

乾隆皇帝驾崩后，嘉庆皇帝永琰命和珅负责太上皇的丧仪。和珅认为这是嘉庆皇帝对他的信任，便积极地开始筹备。紧接着，嘉庆皇帝又下达第二道口谕，命令安徽巡抚朱珪即刻进京。朱珪是嘉庆皇帝的老师，也是和珅的宿敌。和珅火热的心瞬间冷却下来，他猜测嘉庆皇帝可能只是想巩固自己的势力，料想嘉庆皇帝不会在太上皇葬礼期间惩办自己。

然而，嘉庆皇帝又马上下诏免去和珅的一切职务，并要其去守灵。和珅心知大势已去。不久，和珅被抄家，并最终被赐自缢。

当敌人比自己强大，或者有利的时机尚未出现，又或者自己还没准备好时，我们必须学会忍耐。在忍耐的过程中，我们可以慢慢积蓄力量，由弱变强。只要耐心等到合适的时机，所有的忍耐都会成为战胜对手的资本。

低调做人，藏巧于拙，才是聪明的选择。《道德经》有言："大直若屈，大巧若拙，大辩若讷。"世间最奇妙之处就在于此，最笔直的东西看似弯曲，最灵巧的人仿佛笨拙，最卓越的辩才反而显得木讷。在日常生活中，我们也会发现，有些人平日里看似愚笨，不显山不露水，却能在竞争中悄然胜出。

哲学家尼采曾经说过："谁终将声震人间，必长久深自缄默；谁终将点燃闪电，必长久如云漂泊。"在弱势之时，我们要领悟藏锋守拙之道，默默耕耘。等待机会和机遇的过程可能漫长而艰难，但请相信，终有一天我们会得到回报。

第二节

逆境蓄势，顺境爆发

卧久者行必远，伏久者飞必高。越是艰难时刻，越是磨炼之时。当所走的路不顺不通时，就应该慢下脚步，认真积蓄力量。

当自己的才华尚不足以支撑梦想时，就应该沉下心来学习；当自己的脚步追不上目标时，也应该沉下心来提升。正如晚清名臣曾国藩所言："吾生平长进，全在受挫受辱之时。"

作家高尔基4岁时，父亲去世，他只能随母亲在外祖父家生活。为了谋生，他不得不在11岁就外出打工。即使环境恶劣，高尔基也未曾放弃读书。在裁缝店工作时，老板订阅了《俄罗斯报》。老板不在时，高尔基就偷偷阅读这份报纸。

有一次，高尔基晚上偷偷点灯阅读一本从邻居那里借来的小说。正当他看得入迷时，老板和老板娘醒了过来，他们发现后对高尔基施以殴打。高尔基忍无可忍，最终离开了裁缝店。

幸运的是，高尔基被一艘轮船上的善良的厨师收留了。在为厨师洗碗的同时，高尔基还能阅读厨师的书籍，和厨师一起讨论书中的各种问题。

高尔基做过学徒、工人、搬运工等，生活一直拮据。但他从未放弃阅读，正是这些书籍让他明白了很多道理，并创作出无数优秀的作品。

越是低谷时期，越不能放弃。与其停滞不前，胡思乱想，不如走出去寻找自己想做、想学的事情，并持之以恒。或许救赎之道就隐藏在这些事情之中，或许等我们迎来转折时，这些事情将成为我们的助力。

生活中的困难不会永远持续，心态才是决定我们前行的关键。逆境并不是终点，而是新的起点。在逆境中坚持下去，坚韧不拔，拥有“咬定青山不放松”的毅力，才能不就此沉沦堕落。坚持也是成长的催化剂，每一次坚持都让我们在挣扎中学会更多。

越是在低谷时期，我们越需要培养一种豁达的心态。或许一时的坎坷让我们难以承受，但这些都会随着时间的推移变得微不足道。当我们以积极的心态面对生活中的不如意时，内心的力量会变得更加坚定，面对未来的挑战也会更加从容。

低谷并不可怕，可怕的是我们失去了勇气和信心。如果因为害怕失败而不敢再行动，那么之前的所有努力都将付之东流。但若能在失败后，依旧有勇气面对现实，敢于直面自己的过错和他人的优秀，我们一定能够在前行的道路上越走越远。

曾国藩在年轻时并不属于天才的行列，甚至可以说并不聪明。他从 14 岁时起就跟随父亲一起去赶考，经历了多年的努力，六次尝试，却六次失败。甚至在这第六次的考试中，主考官认为他的文章虽然文笔尚可，但逻辑混乱，未能清晰表达应有的道理。因此，他的文章被当作反面教材，在“悬牌批责”中被公开批评。

面对周围人对自己文章的嘲笑，曾国藩感到十分难堪。回家后，他连父亲的庆祝宴席都没参加，就开始反思自己屡次失败的原因。曾国藩将自己的文章与他人的优秀文章反复比较，终于得出结论：尽管自己具备一定的基础，但文章太过拘泥于形式，缺乏全局视角和宏大的气势。

总结出自己的失败根源后，曾国藩开始发奋学习，认真勤勉，有针对性地练习。经过一年的努力，他终于考取了秀才。在中秀才后的第二年，他又成功考中了举人。此后，他一路高歌猛进，直至考中进士。

低谷期是一个重新审视自我、积蓄力量的宝贵时期。我们可以利用这个机会重新审视自己的人生目标、价值观，或者是个性上的不足。这种深度的自我剖析，就像是一把锋利的刀，剖开我们的内心，剔除其中的腐肉，让它重新生长。尽管反思的过程可能充满痛苦，但它能帮助我们更清晰地了解自己的优缺点，为未来的成长奠定坚实的基础。

冬去春会回，否极泰将至。地球总在转动，没有人会永远处于逆境。逆境过后，顺境终将来临。只有在逆境中充分利用好时机，积累力量，当顺境到来时，我们才能迅速而有力地爆发。正如诗人泰戈尔所说："只有经历过地狱般的磨砺，才能练就创造天堂的力量；只有流过血的手指，才能弹出世间的绝响。"

第三节

以退为进，方能步步为营

在水田中插秧，一边插秧，一边后退，退到最后，秧也插好了。看起来是后退，实则是向前。因此，退步实为前进的另一种形式，也是从容豁达的处世智慧。

每个人都渴盼自己能够在激烈的竞争中胜出，却常常因为冒进而遭遇挫折，要么是锐气被磨平，要么是所有努力付之东流。常言道："水满则溢，月满则亏。"当事情已经没有前进的余地或出现障碍时，以退为进或许是最明智的选择。

晚清名臣张之洞初任湖广总督时，很多人都不把他放在眼里。甚至有位画家以此为题材，创作了一幅《三矮奇闻》的水彩画来讽刺张之洞和他的两位同僚。

此图一经问世，便引来哄堂大笑，张之洞成为众人的谈资和笑料。张之洞的下属气愤地想要逮捕那位画家，张之洞却认为画家所画是事实，无须过分计较，于是制止了下属。

张之洞买下了这幅画，并以此自嘲，丝毫没有怪罪画家的意思。听闻此事，画家既羞愧又佩服张之洞的气度，当地的百姓也对张之洞的宽容大度表示钦佩，从此不再嘲笑他的身高。

适当让步体现了气魄和大度，虽然在让步中我们可能会有所损失，但同时也能赢得更多的尊重和支持。如果我们本身正确，他人会赞赏我们的气度；如果我们确实有错，人们也会认为我们是勇于承认错误的人。

忍一时风平浪静，退一步海阔天空，很多琐事不必过于计较或追究，才能避免不必要的冲突。与人发生矛盾时，懂得退让的人，并非出于恐惧或胆怯，而是懂得从大局出发，平息纷争。这样，我们才不会因为小事而浪费时间，影响大局。

如此一来，我们既减少了矛盾，又赢得了他人对我们品行的认可。表面上看似退让了一步，实际上却在无形中前进了两步。

退一步，实际上是在探索新的方向。适时地退一步，重新审视问题，或许会揭示新的路径和解决方案。退一步意味着摆脱局限性思维，打破既定框架和思维定式，通过改变视角重新观察问题，可能会带来意想不到的启发和突破，从而让我们在行事中更进一步。例如，在创业过程中，面对激烈的市场竞争和产品销售不佳的困境，一些企业选择暂时撤离市场，调整产品或市场定位后，再重新出发。

退一步，可以避开障碍，最终冲破难关，赢得胜利。《菜根谭》有言："处世让一步为高，退步即进步的张本；待人宽一分是福，利人实利己的根基。"正如拳头收回是为了更有力地出击，弓弦向后拉是为了将箭射得更远。

退一步，减少对名利的争夺，也更容易获得内心的平静，更容易进行内省，从而拥有更多的选择空间。被物欲裹挟着前进，欲壑难填，哪有止境？不如适可而止，急流勇退，淡泊明志，宁静致远，还内心一片清净自在。老子说："夫唯不争，故天下莫能与之争。"不争名、不争利、不争功，退一步，得一片清净天地。

李忱是唐宪宗李纯的第13子，被誉为"小太宗"。

然而，李忱早先并未受到应有的重视，宪宗对他也漠不关心。面对他人的恶意挑衅，他选择了默默承受，以装疯卖傻的方式隐藏自己的真实意图，这一忍便是36年。在这漫长的岁月里，唯有他的母亲郑氏知晓他内心的苦楚。唐武宗李炎对他的态度轻蔑，甚至以戏弄他为乐，还封他为"光叔"。在这样的困境中，李忱无奈地忍受着屈辱，生活极其艰辛。

然而，经过36年的忍辱负重，李忱终于迎来了转机。一旦掌握权力，他立即采取果断行动，处决了太监马元贽。在他的统治下，宦官势力被抑制，中原和南疆局势得以稳定，边境的动荡局面也得到了有效解决。

常言道，“狭路相逢勇者胜”。但两个人在山间小路相逢，如果都采取针锋相对的态度，让对手无路可走，即便最终胜利也只是惨胜。有时候，对人退一步，可以避免许多纷争和纠葛；处世退一步，可以避开许多排挤和倾轧。人情反复，世路崎岖，行不通时，须知退一步之法。

晋文公主动退避三舍，最终赢得了战争的胜利；蔺相如选择对廉颇退让，才有了后来的将相和……进退有度，不固执己见，放下身段，不再执着，才能在山穷水尽时看到柳暗花明。

第四节

慢就是快：不急不躁的人生哲学

世间万物皆有其内在规律，人生的宏伟目标应建立在实现众多小目标的基础之上。成功并非一蹴而就，而是需要脚踏实地，一步一个脚印地前进，如此方能取得成就。

对于那些渴望成功的人，应该铭记：你可以急迫，切不可浮躁。成功之路艰辛、漫长又曲折，唯有稳扎稳打，方能坚持到底，最终赢得成功。

古时候，有位名叫养由基的神射手，技艺高超，能百步穿杨。有位仰慕者渴望学习养由基的射术，多次恳求后，养由基终于答应收他为徒。收他为徒后，养由基将一根很细的针放在离眼睛几尺远的地方，令他日复一日地凝视。几天后，这个人有点不耐烦了，询问养由基何时教授自己射箭技巧。养由基说："这就是在学射术，你继续看吧。"

这个人遵命继续看那根很细的针。过了几天，他又坐不住了，心想：我是来学射术的，盯着针看怎能学会射术？养由基还教他练臂力的办法，让他整天平举一块石头，伸直手臂。这项训练十分艰苦，这个人再次感到不解，心想：我只求学习射术，为何要我做这等苦差事？养由基看他过于浮躁，难成大器，便不再指导他。最终，这个人未能学到养由基的射箭技艺。

事情往往就是这样，你越急躁，就越不会成功。因为急躁会使你失去清醒的头脑，浮躁占据你的思维，导致你无法制定正确的方针和策略，也就谈不上稳步前进。在心烦意乱的状态下，任何事情都难以有所成就。

作家秦牧在《画蛋·练功》一文中讲道："必须打好基础，才能够建造房子，这道理是很浅显的。但是好高骛远、贪抄捷径的心理，却常常妨碍人们去认识这最普通的道理。"这世上所有的成功都离不开耐心与坚持，只有静下心来，才能稳步前行。凡是成大事者，都应极力避免"浮躁"二字。

明代万历年间，出身书香门第的徐霞客，自幼痴迷地理、游记一类的书。22岁时，他告别母亲，仅携一杖一囊，踏上考察祖国山河的漫漫长路。

为探寻雁荡山顶湖传说，他三次攀爬雁荡山，第三次登顶，最终证明古书记载有误。

他举火把入溶洞，匍匐前行，成为史上首位系统记录喀斯特地貌的学者。

旅行中，他风餐露宿，常宿于荒庙或山洞，以枯枝生火取暖。为采集更多的岩石、植物标本，他宁可不畏艰险地徒步跋涉，也很少骑马、乘船。

每次远游归来，他还要对照所见所闻，进一步认真阅读大量的古代地理书籍，而不是仅仅停留在事物的表面现象上。

因长时间冒雨跋涉，徐霞客患有严重的脚疾。直到无法走路，他才抱病回家，专心编写《鸡足山志》，基本完成《徐霞客游记》。

只有当你学会了压制内心的浮躁，才能承受成功路上的艰辛；才能拥有耐心与毅力，一步一个脚印地稳步前行；才能不被各种诱惑分心，以致迷失方向；才能设定一系列小目标，并逐一实现它们，最终达成你的宏伟目标。

即使身处人生低谷，也要学会静下心来，不急不躁地进行自我沉淀。“无人问津也好，技不如人也罢，都要试着安静下来，去做自己该做的事，而不是让烦恼和焦虑，毁掉你本就不多的热情和定力。”在岁月的长河中，只有那些脚踏实地、戒骄戒躁，不断积累和沉淀自己的人，才能最终赢得那份属于自己的幸运大奖。

第三章

借力：
借力打力，四两拨千斤

第一节

顺势而为，才是高手

俗话说，时势造英雄。成大事者，最重要的本领之一就是审时度势，顺势而为。世间万物皆有其规律，顺之者昌，逆之者亡。

时势二字，“时”者，时间、时效也；“势”者，形势、态势、趋势也。《管子》有云：“察于先后之理，则兵出而不困。”意思是说如果能够洞察行动的时机和顺序，那么军队出征时就不会陷入困境，因此可知，具有智慧和远见的人会做好准备，观察当前形势，做出明智的判断，然后再采取行动。

孔子有一年和弟子外出旅游，抵达一座高山，见到一条壮观的瀑布仿佛从天而降，汇入下方的河流。河水湍急，孔子见一男子在水中，以为他遭受了苦难而想要自杀，便急忙和弟子去下游救人。

没想到，男子在水里游了几百米后，轻松地上了岸。孔子对此十分惊讶，上前询问男子：“河水如此湍急，你为何还能游泳呢？”男子爽朗一笑：“这有何难，当水流冲击下来时，我便随之下沉；当水流涌起时，我便随之上浮，不去与水流对抗。”

《庄子·秋水》中描述，尧、舜因禅让而称帝；燕王哙将王位传给宰相，却导致亡国。商汤和周武王因争战而称王；白公胜却因争战而灭亡。由此看来，禅让和争斗的结果各有不同，哪一种尊贵、哪一种轻贱是由时代决定的。

在当今社会，要把握时代的脉搏，洞察天下大势的运动趋向，这要求我们在面对复杂多变的社会环境时，能够保持清醒的头脑，捕捉时代的特征和趋势。每个时代都有其独有的特征和规律，我们需要根据这些规律的不同，调整自己的战略和策略。

瑞幸咖啡初入市场时，星巴克等老牌咖啡店给了瑞幸很大的压力，人们也习惯去这些老牌咖啡店消费。

然而，瑞幸咖啡借助大数据和人工智能技术，通过优化供应链，降低管理成本，并利用线上 APP（应用程序）下单，提供配送或自提服务，为顾客带来了更加便捷的消费体验。

此外，随着“互联网 +”模式的兴起，瑞幸咖啡果断推出了“互联网 + 咖啡”模式。这一模式精准地捕捉到了消费者的需求，彻底改变了人们对咖啡的消费观念，让咖啡从一小部分人的消费品变成大众日常的享受。

凭借对时代潮流的把握和新技术的应用，瑞幸咖啡成了市场的新贵。

现代社会的变化速度非常快，无论是科技创新带来的生产方式变化，还是全球化趋势下的文化交流，我们目睹了无数新机遇与新挑战的涌现。如果我们能敏锐地捕捉到这些变化的信号，就能比别人更早一步做出应对，抢占先机。

作为普通人，我们也需顺应时代的潮流而发展。改变命运的关键之一在于学会选择，无论是选择学校还是公司……这些选择的共通之处在于顺应时代潮流。

如果我们选择了错误的路径，未来的道路很可能布满荆棘。相反，如果我们选择了那些市场需求正在增长、被越来越多的人所需要、吸引众多人才涌入的领域，虽然可能不是绝对正确，但一旦成功，便能顺应新的大趋势。我们或许难以独自辨识未来的潮流，但我们可以密切关注那些优秀的企业正在投资和发展的方向。它们是趋势的塑造者，也是潮流的引领者。

学会顺应趋势和借助外力，紧紧把握当前的发展趋势，这一点甚至与提升个人能力同等重要。

第二节

集思广益，博采众家之智慧

《论语》有言:“三人行，必有我师焉。”这启示我们，向卓越之人靠拢，效仿成功者，借助他人的智慧，方能拓宽视野，成就更好的自己。

俗话说:“三个臭皮匠，顶个诸葛亮。”在这个世界上，没人能独自通晓所有知识和智慧。我们周围每个人都有其独特的经历和见解。成功者往往善于倾听他人建议，汲取他人智慧。他们从不认为向人请教是丢脸的事，反而将其视为促进自我成长的宝贵机遇。

丰一吟在回忆父亲丰子恺时写过这样的故事。

“记得抗战前在故乡时，他曾画过一个人牵着几只羊，每只羊的颈上都系着一根绳子。画好了挂在墙上，正好被帮我家挑水的青年农民看到了。他笑着说:‘牵羊的时候，不论几只，只要用一根绳子系住带头的那一只，其余的都跟上来了。’”

丰子恺听取了他人的建议，修改了画作。

有些人总是固执己见，不肯接受他人的意见。即使自己对某个问题不理解，也宁愿憋在心里。究其原因，往往是过分看重面子。只有放下自尊，勇于请教，我们才能在正确的道路上迅速挖掘潜能，找到关键所在。

我们有太多的经验和智慧可以效仿。借鉴成功人士的经验、向前辈和领导请教、向行业专家学习……通过广泛地汲取各方智慧，我们就能得到更多的收获。

在工作或学习中，当我们苦思冥想却找不到破局之策时，借鉴别人成功的经验，学习他们解决问题的方法，将更有利于我们解决难题。我们不难发现，无论是经历四次创业失败后才成功的字节跳动创始人张一鸣，还是经历三次高考才成功就读杭州师范学院的阿里巴巴创始人马云，他们都拥有积极的心态。面对挫折和失败，他们没有放弃，而是选择了坚持。作为普通人的我们，在工作中遇到问题或被领导批评后，悲伤并不能解决问题。我们应该像那些成功人士一样，快速地重新振作起来，坚持下去，才能跨越面前的障碍。

我们身边的人并非个个出类拔萃，但聪明人总能找到学习的机会。无论是同事还是前辈，每个人身上都有值得我们学习的闪光点。我们可以虚心地向他们请教，弥补自身的不足。

1963 年，钱学森向上海机电设计院提议，选派四名年轻技术人员至国防部五院，接受他的直接指导，开展人造卫星研究设计的前期工作。褚桂柏与孔祥言、朱毅麟、李颐黎四人一同被选中，前往北京跟随钱学森学习。

起初，褚桂柏等人在搜集和学习国外资料时，难以达到钱学森设定的高标准。钱先生仔细批改他们的作业后，告诫他们："对待国外资料，必须独立思考，善于分析，切忌盲目跟随……"

褚桂柏等人怀着强烈的求知欲，努力学习钱学森传授的知识。后来，他们克服了种种困难，于 1965 年完成了《我国第一颗人造卫星方案设想》。

在那时，褚桂柏等人还承担了撰写科普文章的任务。然而，钱学森先生认为他们所写的文章还不够通俗易懂。他指出："这个运载火箭高 50 米，青少年读者是没有概念的，你要说是 18 层楼那么高，读者就可以想到 18 层楼是挺高的。""比如说火箭有多重，别说具体有多少吨，你说推进剂要 400 辆解放牌卡车才拉得走。一辆解放牌卡车能拉 4 吨的重量，那么就是 1000 多吨。这样就讲得具体一些。”

在职业生涯中，我们不妨积极争取参与由资深专家领导的项目。通过观察和学习他们的工作方式与决策思路，我们可以更深入地汲取前辈的经验。同时，这也能展示我们的能力和潜力，增加被认可的机会。

在互联网时代，我们还可以借助集体智慧来解决问题。使用社交媒体平台，通过提问、参与讨论等方式获得更多的观点或建议，从而扩展我们的视野，培育创新思维。

“真正高明的人，是那些能够借助别人的智慧，避免自我蒙蔽的人。”借助智者的智慧，我们能够有效避免盲目自信和决策失误。他人的见解有助于我们洞察问题的本质，为我们提供正确的方向和思路。

第三节

用好工具，事半功倍

“工欲善其事，必先利其器。”工具是工作的基础，是提高工作效率和质量的关键。缺乏适当的工具，即使我们的能力再强，也难以达到理想的效果。

《三国演义》中记载了这样一个故事。

相传诸葛亮六出祁山，准备北伐，计划从汉中运送粮食以供应前线。然而蜀地地势崎岖，栈道难行，粮草运输困难重重。于是诸葛亮设计出了体形庞大、一次可装载一人一年口粮的“木牛”，以及体形较小、便于单人推动的“流马”。借助木牛流马，汉中的粮草运输速度大幅提升，迅速满足了前线军队的需求。

司马懿在得知后，甚至派人抢夺了几件木牛流马，命工匠拆解研究，并绘制图纸仿造。不到半个月，工匠们也制造出了几千件木牛流马，效果极佳。因此，魏军也开始使用木牛流马向陇西运送粮食。

“登高而招，臂非加长也，而见者远；顺风而呼，声非加疾也，而闻者彰。假舆马者，非利足也，而致千里；假舟楫者，非能水也，而绝江河。君子生非异也，善假于物也。”磨刀不误砍柴工，合适的工具能帮助我们更快速地实现目标。

市场上工具种类繁多，功能相似却操作各异，因此我们必须根据自身需求谨慎挑选。例如，在数据分析领域，我们可以使用 Excel 或

Python。对于日常的简单统计和报表制作，Excel已足够使用，且操作简便易懂。而Python则通过编程实现数据分析，更适合处理大规模数据集，并且编程语言需要专门学习，入门门槛较高。

游戏科学公司之前主要采用Unity引擎开发游戏，因为这种引擎上手简单，开发门槛比较低，非常符合中小型创业公司快速开发产品的需求。

然而，游戏科学立志制作国内首款单机3A（高成本、高体量、高质量）游戏，这需要极高的引擎配置，Unity引擎已经无法满足他们的需求。为了确保游戏在漫长的开发周期中始终具备卓越的画面竞争力，游戏科学最终选择了最新的虚幻5引擎。

实践证明，游戏科学的选择是正确的。我们可以看到，在《黑神话：悟空》中，当角色在雪中行走或奔跑时，他们脚边的雪会随之发生形态变化。我们还能感受到游戏中流畅的战斗场景和实时演算过场。游戏一经推出，就赢得了广大玩家的赞誉。

我们每个人对工具都有自己的评判标准。例如，功能是否强大、操作是否简便、价格是否实惠等。在明确个人偏好和需求后，可以将这些标准整理成一份表格进行筛选。然而，由于不同工具的优势不同，我们可以在制表时适当调整各项标准的权重。最后，通过实际操作来选择最适合自己的工具。

选定适合的工具之后，我们还要深入了解其功能、使用技巧，以及其优势和局限性。大多数工具都配有使用教程和说明书，通过阅读这些资料，我们可以掌握使用方法。对于一些较为复杂的工具，可能需要投入更多的时间去学习和实践。

以思维导图为例，我们必须仔细考虑主要分支和次要分支的布局，审慎评估不同节点之间的关系以及如何有效呈现。思维导图的优势在于其能够组织和结构化知识点，使复杂的概念框架变得直观易懂。但在处理复杂、层次繁多或数据密集的信息时，思维导图可能无法详尽展示所有细节。

我们应灵活运用各种工具，根据具体情况选择合适的工具，并将其与其他工具结合使用，以发挥工具的最大效能。例如，在使用时间管理工具的时候，结合任务管理工具，可以有效提升工作效率。

随着技术的进步，工具的功能也在不断更新和改进。我们应当定期更新工具，以便使用最新的功能。在日常工作中，我们可以定期审视工具的使用情况，评估是否有更合适的工具可以替代现有的工具，或者是否有新的工具可以进一步提升我们的工作效率和成果。

同时，我们也应意识到，工具只是辅助，成功的关键在于自身。只有当我们自身足够强大，并适当借助外物，才能达到事半功倍、锦上添花的效果。

第四节

重塑权威，掌控未来

人微则言轻，人贵则言重。权威对我们生活的影响无处不在，我们普遍倾向于崇拜和信任权威人士。

美国有位心理学家曾经做过一个实验。

在某大学的课堂上，他向学生介绍了一名来自外校的法语教师，并声称这位教师是法国极具声望的化学家。

这位“化学家”以一个小实验作为开场。他小心翼翼地在量杯里倒入了一种透明无色的液体，并将其置于酒精灯上加热至沸腾。他告诉学生们，这是一种特殊的化学物质，加热后能散发出神奇的气味。

他要求闻到气味的学生举手，结果大多数学生都举起了手。然而，他最终揭示，自己其实只是一名普通的法语老师，那杯液体也只是普通的蒸馏水，加热后并不会产生任何气味。

这就是借助人们对于权威的信任，巧妙运用了心理学中的“权威效应”。“权威效应”指的是一个人如果地位高、有威信、受人敬重，那他所说的话及所做的事就容易引起他人的重视，并让人们相信其正确性。

权威效应之所以普遍存在，一方面在于人们内心深处对安全感的需求。这种需求促使人们将权威人物视为行为的典范，相信跟随权威行动就会变得稳妥。例如，多年来流行的牙膏和香皂广告，常常利用身穿白大褂的“医生”或“博士”来介绍产品功效，这正是利用了我们潜意识中对“白大褂”的信任。另一方面，人们认为权威人物的言行通常与社会规范相符。模仿权威人物的言行，就可能获得社会大众的认可，甚至可能获得和权威人士同等的成功。

在哥伦布航海成功后，欧洲各国掀起了航海热潮。当时，也出现了很多冒充航海家的骗子。麦哲伦想要获得西班牙国王的支持并不容易。为了说服国王，他请了当时颇有名望的地理学家帕雷伊洛和自己一起去面见国王。

尽管国王对麦哲伦持怀疑态度，但他对帕雷伊洛却非常信任和尊重。在帕雷伊洛陈述了麦哲伦环球航海的必要性与各种好处后，国王经过深思熟虑，最终同意资助麦哲伦。由于对帕雷伊洛的充分信任，国王提供的资助十分慷慨，这才使麦哲伦得以完成环球航行的壮举。

在人际交往中，尽管我们在表达己方观点时明确而诚恳，有时仍难以说服对方，这可能导致我们的失败。在这种情况下，我们可以考虑借助一些名人或名著中的言论。为了提升这些话语的可信度，最好在引用前简要介绍这位名人的头衔和身份。除非是像爱因斯坦、孔子这样广为人知的大家，否则缺少身份介绍可能会削弱名人言论的影响力。

权威人士在特定领域通常拥有深厚的专业知识和丰富的经验，他们的观点往往具有指导意义。例如，在职场中行业前辈或专家的意见就很有分量。在组织变革、战略调整等重要决策场合，引用权威人士的言论可以增强我们建议的专业性和严肃性，从而让领导和同事更加重视我们的意见。

想要使权威效应取得良好的效果，我们还要注意场合和受众，在不同的环境中采用不同的权威事例。例如，在公司的会议上，我们通常会借鉴一些商业成功人士的案例。而在劝导朋友时，我们可以选择一些对方喜欢或崇拜的人物的例子。

事先准备好一些权威性较高的数据，能够更好地支持我们的观点。通过翔实的数据，我们可以向听众展示除个人经历之外的证据，从而提高主张的可靠性。数据的呈现方式应清晰直观，并且最好能标注数据的来源。

如果我们学会以领导者和掌控者的姿态与人交谈，适当地为自己树立权威感，会更容易获得他人的支持。例如，在进行演讲或面试时，为了让自己看起来更具权威，最简单的方法就是在自我介绍中清晰地罗列我们的学历、从业经历和成就。

在任何人群聚集的地方，权威总是存在。人们对权威的深信不疑和无条件遵从，使得权威形成了一种强大的影响力。如果我们能够妥善运用权威的力量，说服他人并实现自己的目标也会变得更加容易。

第五节

抢占先机，赢得未来

个人的成功与时机紧密相连。当机遇来敲门时，我们必须学会把握；若机遇尚未出现，我们不妨主动创造，并不懈地努力提升自我。成功，离不开机遇。

“知者善谋，不如当时。精时者，日少而功多。”事物的发展过程中，总有一些关键的节点和关键时刻。若能抓住这些机遇，便能大展宏图，事业得以迅猛发展。反之，若错失良机，便可能落后于时代的步伐，事倍功半。

机遇来临之前，通常伴随着几个明显的信号。如果我们能够敏锐地捕捉到这些信号，或许就能比他人更早地抓住机遇。

以苹果公司的联合创始人乔布斯为例，他在年轻时观察到越来越多的公司和实验室开始使用电脑进行运算和工作。到了1971年，电子邮件被发明，人们可以使用网络联络别人。乔布斯预见到，随着科技的进步，或许未来每个人都能随时随地使用电脑进行工作。然而，当时个人电脑尚未普及，人们对电脑的认知还停留在笨重的主机和复杂的操作上。

1976年，乔布斯与几位朋友在车库里开始了创业之旅。他们的第一款个人电脑虽然没有热卖，但是得到了一些人的支持和关注。1977年，Apple Ⅱ发布，预示着个人电脑时代的降临，引起了广泛讨论。

在乔布斯的不懈努力下，他们开发出了更多适合个人使用的电脑型号，使苹果公司成了个人电脑领域的领头羊，并加速了个人电脑的普及。直至今日，他创立的苹果公司已经成为电子设备行业的巨头。

发现时机的第一个信号，往往是那些逐渐显现的重大趋势，如新兴消费时代的到来、新的基础设施建设（例如万物互联等互联网领域的基础设施）。只要我们及时关注这些大环境的变化，就有可能发现那些能影响我们小环境的机遇。

在科技快速发展的现代社会，新技术的出现永远是重要的机遇信号。例如，脑机接口技术的兴起吸引了众多投资者的关注。目前，运用脑机接口技术治疗抑郁症的实验已经取得了显著成效，众多脑机实验室也如雨后春笋般涌现。我们或许无法进行大规模投资，但如果有机会，我们可以学习和了解这些新技术的基础知识。或许在不久的将来，这些知识将对我们大有裨益。

发现时机的另一个信号是未被满足的需求。随着时代的发展，新的需求总是层出不穷。这不仅为商业巨头提供了机遇，也为我们普通人增添了创业选择。在哈尔滨的旅游热潮中，游客反映直接食用烤红薯颇为不便，于是有些商家在销售烤红薯时会赠送勺子，结果他们的生意变得异常火爆。

《国语》有言："从时者，犹救火、追亡人也，蹶而趋之，唯恐弗及。"机遇稍纵即逝，可遇而不可求。一旦我们发现了机遇，就要果断把握。

1865 年，美国南北战争结束，联邦政府批准了众多铁路建设项目。当时，年仅 30 岁的安德鲁·卡内基已担任宾夕法尼亚铁路公司匹兹堡分部的主管，事业如日中天。然而，他敏锐地察觉到了商机，便毅然决然地辞去了职位。

卡内基辞职后前往欧洲旅行，在伦敦考察钢铁研究所期间，他敏锐地捕捉到技术创新的商业价值，果断买下了道茨兄弟发明的一项钢铁专利。

回到美国后，卡内基凭借这项专利迅速崭露头角，赚取了丰厚的利润。1872 年，他再次前往英国考察。他孤注一掷，倾尽所有家产并大举借债，最终创立了属于自己的钢轨公司。

许多人对他的冒险之举感到困惑，甚至质疑，但卡内基最终证明了自己。随着美国大发展时代的来临，钢铁的需求量激增，卡内基的钢铁产品根本不愁销路。

果断行动不仅意味着迅速做出决策并采取行动，还意味着勇于承担风险和责任。任何决策和行动都存在着风险和不确定性，我们敢于面对并愿意承担风险，才有可能抓住机遇、取得成功。如果我们过于谨慎，害怕失败，就可能永远无法迈出那关键的一步。

“功者难成而易败，时者难得而易失。”机会一旦错失，我们可能要等待多年，经历多年，后悔多年，遗憾多年。因此，我们要努力地去抓住和创造机会，才不辜负我们所付出的努力和等待。

第四章

自控：小不忍则乱大谋

第一节

喜怒内敛，情绪稳定的魅力

喜怒哀乐是人类最基本的情绪，产生情绪波动是自然的。一个善于管理自己情绪的人，会极力避免让各种情绪影响自己的行为或决策。但同时我们也应认识到，情绪稳定并不等同于压抑情感。

控制情绪是人生的重要课题。只有宠辱不惊，喜怒不形于色，我们才能避免因一时冲动而做出失礼之举，从而在他人眼中树立起“沉稳、可靠”的形象。

三国时期，诸葛亮的妻子黄氏虽外貌不出众，却才德兼备，品行高尚。诸葛亮后来能够挂印封侯，成就一番伟业，很大程度上得益于黄氏的内助之功。

诸葛亮手中的羽扇是黄氏赠予他的珍贵礼物。后世有诸多关于此扇的传说，其中一种是说：在诸葛亮决定辅佐刘备之前，黄氏用其父赠予的一对大鹅的羽毛制作了这把扇子，扇柄上绘制了八阵图。她希望诸葛亮随身携带这把扇子，既不忘夫妻情深，又能在行军作战中得到帮助，同时提醒他控制情绪。黄氏告诉诸葛亮：“你与家父畅谈天下大事时，我发现当你说到胸中的大志，就气宇轩昂；谈到主公想请你出山，显得兴高采烈；一讲到曹操，就眉头深锁；一提到孙权，就忧戚于心。作为大丈夫，行事必须沉着冷静，我送你这把扇子，就是让你遮面，隐藏你的情绪。”

每当诸葛亮摇动鹅毛扇，他的头脑便迅速恢复冷静。自离开草庐后，诸葛亮便始终身着八卦衣，手不离鹅毛扇。原来，“遮面”

之意在于先要沉得住气，然后才能泰然处之，保持镇定。

自古以来，成功者很少会因外界变化而情绪波动。无论面对何种刺激，他们都能保持冷静，克制不利于大局的情绪，展现出高度的自律和自制力。

某次，赵先生和朋友一起开车出游，途中前方出现意外，他不得不紧急刹车。不幸的是，紧随其后的车辆因跟车过近，导致两车发生轻微碰撞。

后车司机怒气冲冲地跳下车，指着赵先生厉声斥责："你这个笨蛋，你到底会不会开车？"他一边骂，一边挥舞着拳头，似乎准备动手。

赵先生的朋友见状，怒气冲冲地准备上前理论。然而，赵先生却微笑地制止了朋友。赵先生走上前，没有过多辩解，只是很温和地向那位司机道歉。

原本怒气冲天的司机停止了责骂，回到车内，驾车离去。

望着那位司机远去的背影，朋友仍然气愤不平，不解地问："他明明是在无理取闹，你为什么要让着他？"

赵先生微笑着回答："你忘了我们是要去休假吗？让一个无关紧要的人破坏我们的心情，实在没必要。"

在人际交往中，难免会发生一些小摩擦，但没有必要为一些琐事斤斤计较，甚至大动干戈。如果仅仅是因为自己"有理"，就非要以强硬的态度压制他人，甚至让他人难堪，这不仅显得个人修养不足，还可能激化矛盾。

要想安抚一个愤怒的争执者，冷静是最佳的策略。不要因为别人发怒，你也跟着情绪失控。记住：当别人愤怒时，正是你需要保持冷静的时刻。愤怒无法解决问题，只有智慧和理性才能找到解决问题的办法。

只有先成为自己情绪的主人，并具备这些能给人力量、支持、鼓舞和喜悦的品质，才能成为别人所爱、所敬、所信任的人。

第二节

与其抱怨，不如改变

心理治疗师海灵格曾言：“当一个人总是抱怨时，他便失去了对生活的主导权。”抱怨，实际上是在向自己传递“事情不对劲”“生活不如意”的信号，这除了徒增压力，没有一点儿益处。

美国心理学家威尔·鲍温在其著作《不抱怨的世界》中，讲述了这样一个发人深省的故事。

曾有一位修道士进入了一个恪守“静默戒律”的修道院，在这里，所有人的发言都必须得到院长的许可。

五年后，院长终于召见了这位修道士，赋予他说话的机会，但仅能说两个字。

经过深思熟虑，修道士说出了两个字：“床硬。”

院长听后，帮他更换了一张新床，就离开了。

又过了五年，院长再度出现，允许他再次发言，但依旧只能说出两个字。

这一次，修道士说：“饭冷。”

十五年过去了，当院长再次询问他时，他的回答是：“我走。”

出乎意料的是，院长露出了欣慰的笑容：“这正是我期望听到的。自从你来到这里，除了抱怨，什么也没做。”

在我们的日常生活中，抱怨也时常发生：工作辛苦、交通拥堵、伴侣不够体贴、孩子不够懂事……偶尔抱怨几句，尚属正常。然而，习惯性抱怨却是一种逃避现实的行为，它无异于自我折磨。习惯抱怨的人，往往会将注意力集中在眼前的不公和挫折上，而不是积极寻求解决问题的方法。

若想让生活变得更好，我们必须停止抱怨，转而寻找解决问题的方法。正如知名作家张德芬所言：“抱怨自己的人，应该试着学习接纳自己；抱怨他人的人，应该试着把抱怨转成请求；抱怨老天的人，请试着用祈祷的方式来诉求你的愿望。”

两位好友每天都坐在一起吃午餐。其中一个人打开自己的饭盒，抱怨道：“天哪！又是番茄炒蛋！我讨厌番茄炒蛋！”另一个人则保持沉默。

一连几天，他都烦躁地说：“我真的受够了，每天都是番茄炒蛋！”另一个人仍旧默默吃饭。

直到某天，他再次抱怨：“怎么又是番茄炒蛋！我真的吃腻了！”

这时，另外一个人终于忍不住问他：“那为什么不让你妻子给你做点别的？”

不料，那人回答：“可我都是自己准备午饭。”

另外一个人又问：“既然是你自己准备午饭，你又不想吃番茄炒蛋，为什么不做点别的？”

那人回答：“我不会做别的呀！”

持续抱怨只会导致恶性循环。因此，面对挫折时，我们不应急于责问命运，而应思考“怎么办”。当我们将抱怨转变为行动，就会发现，事情远没有想象中那么糟糕。

避免抱怨，我们可以选择以结果为导向，不断提醒自己内心真正的诉求和目的是什么，而不必过分关注过程中发生的种种意外、困难、矛盾或冲突。因此，在做事之前，先思考一下：我做这件事的目的是什么？为了达成目的，我需要做到什么程度？除了既定要求外，我还需要补充哪些内容？

时间是最宝贵的资源，抱怨只会白白浪费宝贵的时间，降低我们的效率。我们经过深思熟虑后确定的流程，必须以完成任务为最终目标。

职场中亦是如此，抱怨是人的本能反应，但解决问题才是真正的本事。如果我们习惯了抱怨，就会陷入“固定型思维”，遇到问题只会选择逃避，无法取得进步。相反，如果我们能培养“成长型思维”，内省并以积极的态度提升自我，解决问题，这才是成熟的标志。

与其抱怨薪水微薄，不如想方设法完成更多的任务以增加奖励；与其抱怨老板过于严苛，不如努力做到工作无误；与其抱怨加班太频繁，不如想办法提高工作效率；与其抱怨公司未提供发展平台，不如打造自己的核心竞争力……实际上，在每一种看似合理的抱怨背后，都存在更好的选择——放弃抱怨，付诸行动。当我们的能力和水平提升后，之前的抱怨将变得无关紧要。

作家罗曼·罗兰曾说：“只有把抱怨环境的心情，化为上进的力量，才是成功的保证。”遇到烦心事时，不妨外出散步，回来后以全新的心态开始行动。付诸实践，自然会带来我们想要的成就和惊喜。

第三节

别让坏脾气，成为你成功路上的绊脚石

南怀瑾在《论语别裁》中转述过一位老友的话：“上等人，有本事没有脾气；中等人，有本事也有脾气；末等人，没有本事而脾气却大。”无论一个人的脾气多么火爆，都不应超越其能力。若脾气大于能力，那么这股火气只会成为你成功路上的绊脚石。

有些人长期停留在基层管理岗位，却比董事长还要傲慢；在外面屡屡受挫的丈夫，回家却对妻子颐指气使……往往那些缺乏能力和修养的人，更容易变得易躁易怒，导致自己一生劳碌无为。自己心高气傲，却总是达不到自己的期望。因此，他们的心情会反复无常，情绪愈发糟糕，随之而来的负能量也会更多，形成了一个难以打破的恶性循环，使得成功更加遥不可及。

如果缺乏处理后果的能力，就不应放纵自己那易变的情绪。一个人越有本事，往往越能保持冷静，不急不躁、从容不迫。无论处理事务还是与人交往，都能游刃有余，泰然自若。

一位客人在出酒店时不慎重重摔倒，他扶着腰找到经理：“你们酒店的门口太滑了，防滑措施在哪里？我的腰疼得厉害，你必须送我去医院，然后全权负责。否则，我们没完！”

经理能力出众，将酒店经营得有声有色，实际上如果硬碰硬，客人也占不到什么便宜。但是经理始终面带微笑：“实在抱歉，先生，我立刻安排车辆送您去医院，您的健康最重要。”经理让司机送客人去医院，并为他准备了一双拖鞋。

经过医院检查，发现客人的腰并无大碍，经理又让司机将他送回酒店休息。这时客人已经有些后悔了，但还是难以放下身段。

经理依旧和颜悦色地说："只要您没受伤就好。对了，您的鞋子我冒昧让秘书送去修理了。修鞋师傅提到，这鞋的鞋底已经磨损严重，容易滑倒。我们酒店的安全措施确实有待加强，但说实话，您是第一位在我们酒店门口摔倒的客人。"

客人感到非常愧疚，想要支付修鞋的费用，但经理婉拒了。客人被经理的好脾气和诚意打动，同时也为自己的粗鲁感到愧疚。后来，客人不仅向朋友推荐了这家酒店，还与经理成了朋友。

修养更高的人，往往更谦卑，成就越大，架子越小。既然他们有能力完成许多事情，对于一些小事便觉得没有必要计较，心态和度量自然宽广，因此显得从容不迫，没有脾气。正如作家余秋雨所说："人的生命格局一大，就不会在琐碎的妆饰上沉陷。"

因为经历了许多事情，并且取得了不少功绩，有成就的人在处理事务时总是考虑周到。事情处理得当，意外自然减少，因此他们往往性情温和。即使遇到意外或突发事件，他们也有能力应对，或事先准备了应急方案，因此能够控制自己的情绪。经过长时间的磨炼，他们更明白愤怒无法改变任何事情，发脾气也无法解决任何问题。

越是成绩斐然的人，越懂得宽容待人，包容别人的过错。人非圣贤，孰能无过？面对他人的过错时，宽容往往比惩罚更有力量，也更能平息纷争。

清晨，一位高僧正准备开门清扫，突然，一位魁梧的大汉闯了进来。高僧躲避不及，被大汉撞倒在地，眼镜摔碎，眼眶也立刻变青。

大汉不仅没有感到愧疚，反而大声责问："你这人怎么不长眼睛？戴着眼镜还能撞到人？"

高僧沉默不语，只是双手合十向他微微行礼，然后拿起扫把准备清扫眼镜的玻璃碎片。大汉十分惊讶，继续追问："我这样对你，你怎么不生气？"

高僧看向他，说道："即使我生气，也无法让我的眼镜恢复原状，更不能消除我眼上的伤痕，只会让情况变得更糟。而且，恶语伤人六月寒，如果我也恶语相向，只会给自己带来更多业障和恶缘。"

高僧微笑着补充道："其实我也有责任，如果我能早一分钟或晚一分钟开门，我们两个人就不会相撞了。"

大汉听后感到惭愧，向高僧道歉，并恭敬而缓慢地重新走进大门。

弱者易怒如虎，强者平静如水。有成就的人，必有过人之处，在繁忙的事务中修炼自我，心静如水。如果心无法平静，做任何事情都不会有成效。只有当心完全静下来时，我们才能全力以赴地工作，稳扎稳打，三思而行，最终获得我们所期望的结果。

永远不要让自己的脾气凌驾于实力之上。如果我们对自己的实力不够了解，平时保持温文尔雅、待人友善总是明智之举。

第四节

有效管理压力，缓解崩溃的情绪

心理学上有一种观点：看见，即疗愈的开始，当你意识到自己一直未能妥善照顾自己时，那便是你开始爱自己的恰当时机。当你感到压力沉重时，不妨暂停脚步，让自己休息一下。

你是否目睹或经历过这样的场景：一名男子深夜坐在路边，突然情绪崩溃，放声大哭；一位母亲失魂落魄地回到家中，突然对犯错的孩子大声斥责；一位勤勉工作的同事，在老板面前突然爆发，怒吼之后愤然离去……

这些突如其来的状况，往往是压力长期积累后的悲剧性爆发。然而，我们不应只将压力过大的表现视为这些瞬间的爆发。如果我们平时能注意到身体发出的信号，或许就不会等到情绪崩溃时才察觉。

有些人面对压力会有明显的身体反应，如失眠、易怒、头疼、胸闷气短，以及身心俱疲等。痤疮可以视为我们身心压力水平的“晴雨表”。如果脸颊、胳膊、腹部等部位出现红色皮疹或痘痘，那么就该审视自己近期的身心状态，检查压力是否已经达到了极限。

长期压抑和控制情绪并不总是意味着成熟和理智，除非我们能够在感到压力时轻松地进行自我疏导。如果做不到这一点，或许我们应当在每次遇到问题时及时寻求适合自己的方式来缓解压力，这样可能会更有效，让那些不必要的负担随风而去。

“心和胃紧密相连，胃舒服了，心也就暖了。”

一位女士面对日复一日、永远做不完的工作感到极度痛苦，导致大量脱发。她逐渐对生活失去了兴趣，每天回到家后只是漫无目的地看短视频。直到她偶然看到一段制作甜点的视频，才仿佛找到了一条通往宁静世界的小路。视频中的甜点既美观又诱人，而且制作过程简单。

她购买了所需的材料，开始尝试按照视频中的步骤制作甜点。出乎意料的是，她第一次尝试就成功了。她发现亲手制作的甜点比买来的更加美味，于是她开始尝试制作更多的美食。渐渐地，她开始期待每一个新的日子，周末有空就会研究新的美食并与朋友分享。她的精神状态焕然一新，同事们甚至开玩笑说，她的眼睛里仿佛闪烁着光芒。

我们无法完全避免生活的压力，正如我们深知健康饮食的重要性，却常常难以持之以恒。不过，如果我们掌握了缓解压力的技巧，情况又会怎样呢？想象一下，如果有人持续举起两公斤的重物，两小时不间断，他的手臂势必会感到疼痛。但如果我们引导他进行举、放、休息的循环，他便能轻松地重复多次。

既然我们无法回避所有压力，那么我们最好学会在身心受伤、情绪崩溃之前进行适当的放松。

当我们感到压力时，不妨停下来自问："我真正需要的是什么？究竟是什么事情、什么人让我感到压力？我能否自行缓解这种压力？"

当压力即将达到极限时，不要独自承受，也不要委屈自己，尝试将心中的烦恼倾诉出来。与其在内心默默挣扎，不如将这些痛苦诉说出来。无论是向朋友、家人，还是向专业的心理医生倾诉，都有助于我们更清晰地看待问题。

如果不想让别人知道自己的烦恼，那么可以尝试自我倾诉。自我倾诉可以随时随地进行，不需要他人的参与和配合。通过写日记、撰写回忆录等方式，与自己对话，让自己静下心来直面问题，审视和反思自身。

在工作中，当我们忙得不可开交时，很难抽出时间去散步或通过倾诉来缓解压力。这时，我们可以准备一个小毛绒玩具，感到焦虑时就捏一捏。研究显示，触摸柔软的物体时，这种触感会刺激皮肤下的感觉神经末梢。这些神经信号传递到大脑，会促使大脑分泌一些令人感觉愉悦和放松的神经递质，从而减轻压力带来的紧张感。

有人曾说："最艰难的时候，别老想着太远的将来，只要鼓励自己过好今天就好。这世间有太多的猝不及防，有些东西根本不配占有你的情绪。人生就是一场体验，请你尽兴。"如果感到压力沉重，找个地方尽情哭泣。发泄过后，我们才能拥有更多精力去善待自己，发现生活的美好。

第五节

生气不如争气，正确运用愤怒的力量

“人的一切痛苦，本质上都是对自己的无能的愤怒！”每个人都有自己的性格，每个人都会生气，但愤怒不能解决任何问题。

面对挫折和不愉快时，我们应选择争气而非生气，发力而非发火，翻身而非翻脸。让理性战胜感性，成为能够平息内心怒火的智者，成为能够掌控自己的强者。

人生需要一股气，这股气就是我们的志气和骨气。志气，是我们的勇气所在。不妨告诉自己：终有一天我会让别人刮目相看，终有一天我会将别人远远甩在身后。骨气，代表着我们的尊严和原则。有骨气的人，不会因为困难而放弃，也不会因为压力而妥协。

西汉时期，苏武奉命出使匈奴。匈奴单于想逼迫他投降，许以高官厚禄，但苏武严词拒绝。单于恼羞成怒，将他囚禁起来，断绝饮食供应，想以此逼他就范。苏武宁死不屈，以雪和旃毛充饥，数日不死。

匈奴人见硬的不行，便将他流放到北海（今贝加尔湖）边牧羊，还扬言等公羊生下小羊才放他回国。北海环境恶劣，人迹罕至，苏武却手持汉朝符节，在冰天雪地中放牧，渴了就吃把雪，饿了就挖野鼠收集的草实充饥。

尽管生活艰苦，但苏武始终牢记自己的使命和气节，心中怀着对祖国的忠诚与热爱。这一牧，就是19年。19年间，匈奴多次威逼利诱，苏武从未动摇。

最终，汉朝与匈奴和亲，苏武才得以回到长安。

当我们遭遇不公时，仅仅靠胡乱宣泄是无济于事的。实际上，我们的愤怒反而会让那些心怀恶意的人更加得意。此时，如果我们将愤怒转化为动力，它将激发出我们的正能量，让我们能够凝聚勇气和力量，去面对挑战与困难。

如果愤怒被正确使用，它可以成为改变的动力，推动我们打破不公，追求更美好的未来。想要成功地转化愤怒的情绪，我们必须学会接受和理解愤怒。接受自己的这些情绪，不要试图抑制或掩饰它们。相信自己能够勇敢地面对这些情绪，认真体会它们带给我们的感受，它们想让我们看到什么、学到什么。

愤怒可以成为我们制订计划的助力。我们所感受到的愤怒，往往会指向我们自身的弱点。若我们能够针对这些弱点来规划行动，解决问题，那么制订的计划在整体上将更为有效。

让愤怒助力我们的目标实现。心理学研究表明，愤怒通常与未满足的期望有关。因此，我们需要深入挖掘愤怒背后的需求，仔细审视哪些目标尚未达成，哪些期望还未得到满足。对自己的期望进行梳理和排序，将最优先的期望具体化，转化为明确的数字、具体的人物。

俗话说“愤怒出诗人”，我们也可以将愤怒融入创造性的表达中去。闲置的笔记本、画笔都可以成为表达愤怒的工具，或许我们还能创作出一些优秀的作品。

同时，我们也要避免过度愤怒。哲学家亚里士多德曾说：“任何人都会生气——这很简单。但选择正确的对象，把握正确的程度，在正确的时间，出于正确的目的，通过正确的方式生气——这不简单。”愤怒源于我们希望通过展示力量来解决问题，但愤怒并不等于攻击性伤害。

美国情绪管理专家罗纳德认为，愤怒的持续时间通常不超过 12 秒，它可能瞬间摧毁一切，但过后会恢复平静。只要我们能够控制这关键的 12 秒，就能及时缓解负面情绪，避免事态进一步恶化。为了避免过度愤怒，我们需要反思：“当前的反应会带来什么后果？”

作家武志红在《感谢自己的不完美》一书中写道：“愤怒，给予你力量和动力，让你生命的每一分钟都具有创意，每一分钟都能表现出你自己的风采。”愤怒是人类的基本情绪之一，我们产生愤怒是正常的，关键在于要学会化解愤怒。面对愤怒，学会适度宣泄，认识情绪背后的需求，并学会驾驭它。我们还可以将愤怒转化为自我认知的智慧和前进的动力。

第五章

价值：不惧发挥所长，唯恐才华未展

第一节

从依赖到独立：开启你的蜕变之旅

互联网上流行过这样一段话：“有人帮你，是你的幸运。无人帮你，是公正的命运。没有人应该为你做什么，因为生命是你自己的，你得为自己负责。”

很多人信奉“关系好才会互相麻烦”，于是将求人办事视为一种本能，一旦遇到问题，就立刻想要找人求助。哪怕有些问题他们有能力自行解决，也往往理所当然地依靠别人，甚至认为这只是举手之劳，不提供帮助的人才有问题。

然而，我们必须明白，凡事靠自己，别总想着靠别人，这才是我们应当坚守的原则。

在电视剧《天道》中，丁元英阐述了“强势文化”和“弱势文化”的概念。强势文化遵循事物发展的自然规律，依靠自身力量积极创造；弱势文化则是依靠他人，无论是父母、朋友还是求神拜佛，唯独不依靠自己。

丁元英认为，传统观念的症结在于“依赖”二字，不自立则精神上永远处于屈服状态。

生活犹如一场马拉松，稍有不慎，就可能会跌倒在地。倘若每次跌倒都指望他人帮扶，难免会遇到愿望落空的时刻。无论是面对复杂的商业竞争还是情感纠葛，最终解决问题的还是个人的内心判断和实际行动。一个人只有摆脱依赖，才能真正成长。

靠自己，意味着拥有独立的思想。不随波逐流，不被他人意见轻易左右，能冷静分析局势，做出最适合自己的判断。在面对选择时，强者能坚守内心，不被外界干扰，以清醒的头脑规划人生方向。

靠自己，更体现在强大的行动力上。他们不会只等待机遇降临，往往选择主动出击，用汗水与努力创造机遇。遇到困难，他们不会怨天尤人，而是咬紧牙关，凭借自身能力去克服。每一次挫折都是成长的磨砺，每一滴汗水都是成功的铺垫。

靠自己，是成年人最明智的人生选择。摒弃依赖，增强自己的思考和行动能力，保持谦逊，同时始终不忘自我提升，这才是我们每个人都应行进的道路。

“天行健，君子以自强不息。”唯有自己才是命运的主宰者。只有以独立为帆，以行动为桨，在人生的海洋中乘风破浪，才能靠自己成为生活的强者。

自力更生，首先需要具备清晰的自我认知。我们必须认识到自己的价值所在，坚信自己拥有应对生活中困难和挑战的能力，而不是寄希望于别人时刻相助。

自力更生，还必须始终保持这样的心态：自己的道路由自己来开拓，没有人能够为我们的未来提供保证。即使目前一切顺利，那也是过去努力的结果。要确保未来持续顺利，只能依靠自己的努力把事情做好，不期待他人为我们排忧解难。

依赖他人的道路看似舒适，然而“靠山山会倒、靠水水会流、靠人人会跑”，唯有自力更生，才是最稳固的安全感之源。

第二节

认识，并不等于朋友

那些真正能够成为朋友的人，往往彼此尊重、认可对方，并愿意通过相互帮助来加深情谊，最终结下深厚的友谊。

生活中，总有一些人喜欢炫耀自己的社交圈，提及与名人共进餐、合影或是交谈的经历。他们似乎拥有众多杰出的朋友，但这种关系往往脆弱不堪，一触即破。因为仅仅认识，并不等于真正的朋友。

在某求职节目中，一位90后求职者自信满满地介绍自己，展现出非凡的才华，令面试官印象深刻。

这位求职者声称自己拥有强大的交际能力，并提到自己认识许多行业领袖，包括董明珠、俞敏洪等。此言一出，现场一片惊呼。有面试官质疑其真实性，要求现场连线验证。求职者拨通了董明珠的电话，尽管电话响了很久，却始终没有接通。现场有人询问这位求职者："你之前给对方打过电话吗？"求职者尴尬地说："没有"，但坚称自己确实认识董明珠，并提到两人曾在一次聚会上相遇。

节目中的公司老板纷纷对这位求职者的表现表示不满，其中一位老板戏谑地建议他尝试联系俞敏洪。不出所料，求职者也未能连线成功。

有些人虽见过面，但并不意味着真正相识，更何况认识也不代表就是朋友。人与人之间的关系，关键在于平等，这不仅包括财富和地位的平等，更包括价值观和人生观的契合。

佟佟勇敢地踏上了创业之路，开创了一家小型企业。在公司初创阶段，她面临了平台流量低迷的挑战，这让她在与客户洽谈合作时遭遇了不少困难。然而，佟佟并未气馁，她从基础的市场调研做起，逐步深入洞察市场趋势，提升公司运营内容的质量。随着时间的推移，她的平台逐渐吸引了流量，公司也在竞争激烈的市场中赢得了一席之地。

随着公司的发展，客户对她的态度发生了显著变化，他们开始主动联系佟佟，询问是否可以通过她的平台来推广自己的产品。

如果一个人想要与更优秀的人建立联系，那么努力精进自身，使自己在某个领域出类拔萃，无疑是最有效的方式之一。

努力精进自身并非空洞的口号，它要求我们设定明确的目标，在职业发展或个人兴趣方面保持清晰的自我提升信念，并付诸实际行动。例如，把有限的时间投入到学习新知识、新技能中，以拓宽视野和增强专业能力。

即使短期内难以看到翻天覆地的变化，但每天的进步就是一个不断自我完善的过程。在不断地努力中，接近那个更好的自己。

人生中最应该努力追求的目标是不断提升自己，向前进步、向上生长，让自己变得越来越有价值。只有当你变得优秀，才会吸引更多的优秀人士向你靠近，并逐渐成为你的人脉网络的一部分。

第三节

低位不卑微：保持自我，赢得尊重

徐悲鸿曾说："人不可有傲气，但不可无傲骨。"真正的尊重来自实力和价值，而非乞求。因此，处于低位时，应专注于提升自我，通过学习和实践增强实力和魅力，以赢得他人真正的尊重与认可。

有人认为，通过讨好可以维护人际关系的和谐，并赢得他人的关注。然而，现实往往与期望相悖。过度依赖讨好和巴结来融入某个圈子，往往不会得到他人的真心相待。

在电视剧《三十而已》中，顾佳为了帮助自家公司发展，试图融入"太太圈"。她不遗余力地讨好她们，亲手给她们制作食物，为她们的事情忙前忙后，甚至不惜重金购买与她们所用相同的昂贵包袋。她以为自己已经成功融入了"太太圈"，但当其他人分享照片时，她却被裁掉了。后来，顾佳还被她们联合欺骗。

莫言在《生命中总有一朵祥云为你缭绕》中写道："不要用无数次的折腰，去换得一个漠然的低眉。纡尊降贵换来的，只会是对方愈发地居高临下和颐指气使。没有平视，就永无对等。"

在成年人的社交关系中，资源交换占据着重要地位。你期望得到什么，就必须付出对等的物质或情感。但这种付出应当是平等的，而不是持续地将自己置于社交关系的下风，习惯性地去讨好别人。

在许多时候，你越是不计回报地付出，越容易被他人忽视。

经济学中有一个术语，称为"边际递减效应"，指在其他条件不变的情况下，连续增加某一要素的投入或消费时，其带来的增量收益或效用会逐渐减少。例如，你非常喜欢某种食物，但如果每天都吃，很快你对它的喜爱就会减弱。

在人际关系中，如果你长时间处于付出和讨好的位置，别人对你的感激之情也会逐渐减少。最终，他们可能会认为你的付出是理所应当，甚至在发现你不会拒绝他们的无理要求时，更加放肆地利用你。

即使你通过讨好的方式结识了一些人，但这时你所结识的，可能只是喜欢听奉承话的人。这样的人真的值得你去结交吗？如果你只是附和他们的想法，那么你的个人价值也会降低，自然难以获得他人的认可和尊重。

在逆境中，人更应该努力提升自己的能力。当你的能力得到提升，自然会赢得他人的尊敬和喜爱。

小苒被公司调派至一个全新的业务部门，面对竞争激烈的团队环境，她逐渐感到自己被边缘化，甚至团队中的其他成员开始抢夺她的工作成果。有朋友建议她去了解团队领导的喜好，并投其所好，以获得领导的支持。

小苒却表示："我不想依附任何人，长期依附别人只会削弱自己努力的动力和挖掘潜力的机会。我已经制订了很多学习计划，等我的能力提升了，自然会得到他人的认可。"后来，她的能力逐渐得到了公司同事的广泛认可，并晋升为部门主管。

在社交活动中，我们可以积极地推广自己，方式就是展示自我个性。无论我们面对什么样的人，只有始终保持个性，并在社交中平等地对待他人，才能赢得对方真正的尊重和重视，建立起平等、稳定的人际关系。

通过自己的能力去吸引那些认可自己的人，这种关系往往比单方面地讨好和恭维更牢靠。

第四节

创造可见价值，吸引人脉

美国社会学家霍曼斯曾说：“任何人际关系，本质上就是交换关系。”当我们主动展示自己的价值，为他人提供帮助或创造价值时，自然而然地就能吸引到那些与我们志同道合、相互欣赏的人。这种基于价值交换的人际关系，往往更加稳固和长久。

若想让他人依赖并重视自己，最佳策略是使自己变得不可或缺，即对方若无你参与，其计划难以顺利进行，生活亦可能陷入困境。一旦在人际交往中确立了这种地位，你的角色将变得不可替代。

通常情况下，只有先付出，才能得到相应的回报。在职场上，如果将自己放在“卖方”的位置，树立“为买方服务”的观念，并习惯从“买方”的视角思考问题，那么自然就能获得更加丰厚的回报。

然然毕业后进入一家公司，负责网络维护工作。由于她的学历不高，在同一批实习生中是最低的，起初并不被人看好。可是，她却是晋升速度最快的员工。

她所在的公司，网站设计成本高昂，但实用性不足。尽管这一问题经常有人向老板反映，但由于涉及多个部门，协调起来颇有难度，因此迟迟没有得到解决。

但自从然然加入公司后，网站质量显著提升，栏目增多，内容更新也及时，深受客户的喜欢。

每当公司的电脑出现问题，她总能迅速修复。领导见状，对她的照顾也愈发周到，遇到学习机会时，都会优先考虑让然然参与。最终，然然的工作能力和工作态度逐渐被更多人认可，在每年的年终总结中，她总能获得各种荣誉和奖励。

想要建立优质的人脉，希望对方关注自己，就不能幻想这种关注是无条件的，而应思考自己身上有哪些值得别人关注的价值。

你需要对自己的价值有一个精准的定位，这可以是你的职业优势，也可以是你的特长或爱好。关键在于，这种定位应尽可能具有不可替代性，这将成为你与他人建立紧密联系的最佳纽带。

即使与他人的实力存在差距，你仍然可以拥有自己的独特价值。就算是最优秀的人，也可能有你所知而他不知，或你能做而他不能做的事情，这种信息差或能力差，正是你为自身价值增值的有力工具。

在社交场合，仅仅具备价值是不够的，你还需要学会适时地展示自身价值。即便一个人的能力再出众，如果他不能向他人传递自己的价值，那么他也很可能会被别人忽视。只有当别人清楚地看见你身上拥有他们所需的价值时，这样才会吸引对你感兴趣的人主动接近。

要展现自己的价值，例如职业优势，单纯地陈述自己的工作内容是不够的，这可能会因为交流双方存在专业知识障碍而显得乏味，甚至给人一种说教的印象。你可以通过分享经历的形式，让别人更直观地了解你的能力，你可以告诉对方你最近的成就，正在参与的项目，以及别人对你的正面评价等。例如，你可以分享某次你如何利用自己的专业知识帮助客户解决了一个棘手问题，这不仅能凸显你的专业素养，还能让对方看到你的价值所在。

展现自己价值的另一种有效途径是让自己融入一个合适的社交圈子中。

小华的绘画技巧非常出色，在公司活动或亲友聚会上偶尔展示一下，总能获得不少赞赏。然而，除了他的同事和密友之外，很少有人知道这一点，他在网上发布的作品也只有寥寥几人关注。

后来，小华结识了几位插画师，并被引入了插画师的圈子。

他的创意涂鸦迅速吸引了许多人的目光。渐渐地，有人开始联系他进行商业合作，甚至有人愿意高价购买他的作品。

加入一个合适的社交圈子，可以让你有机会接触到更多具有高价值交换潜力的人，而且，他们往往是传播你价值的最佳人选。

结交人脉的最佳方式，是通过自己的能力打破彼此间的障碍，让更多的人认识你、欣赏你、靠近你。你身上能够被别人看到和需要的价值，就是你在社交中自信的基石，也是吸引人脉的关键。

第五节

自我提升的秘籍：每日三省吾身

在反省中觉醒，在反思中辨析，在斟酌中增长智慧，通过自我反思变成智者，从而不断提升自我，获得成长。

“吾日三省吾身”这句话出自《论语》，是孔子的弟子曾参所言。其完整表述为：“吾日三省吾身：为人谋而不忠乎？与朋友交而不信乎？传不习乎？”意指“我每天多次反省自身：为他人谋划是否尽心尽力？与朋友交往是否诚实守信？老师传授的知识自己是否熟练掌握？”

每个人受知识、经历、性格等个人因素的限制和影响，在处理和理解生活中的某些事物时，不可避免地会陷入片面甚至错误的行为模式中，这将导致不良后果。因此，反省自身就变得至关重要。只有不断地反思自己的错误，审视自己行为中的不足，我们才能真正地完善自己。

钱钟书的父亲，著名古文学家、教育家钱基博老先生，曾撰写了一份自我检讨书，其开篇言辞颇为深刻：“思想改造，当得自动，不能被动；不过人类通病，自屎不觉臭，旁观者清；所以发动群众，帮助自己改造；最好自己不要掩藏自己的思想，欺骗群众，得到通过；宁可通不过，将我心里症结所在，赤裸裸地给群众看；通过，固好；不通过，正好鞭策我自己的反省！我现在检讨我自己的思想，不过有些思想，根源知识；有些思想，涉及环境；所以检讨不能不涉及多方面。”

人们常常自以为是，认为自己总是对的，而别人都是错的。然而，世上哪有人总是对的呢？不过是“不识庐山真面目，只缘身在此山中”罢了。正所谓“当局者迷，旁观者清”，自我反省就是站在旁观者的角度审视自己的思想和行为。

人有时候就像是一块璞玉，需要经过精心雕琢方能成为珍贵的美玉。虽然这个过程伴随着痛苦，但是经过雕琢打磨之后，才能更加光彩夺目、价值连城。坚持自我反省就是一种对自身的雕琢。每天坚持自我反省，就能增加成功的机会，因为只有懂得自我反省的人，才能明白每天的错误所在和正确之处，迅速改正错误，继续坚持正确的行为。这样持之以恒地坚持下去，自然能减少缺点，增加优点。

公元 1838 年，曾国藩成功考取进士，当时他年仅 20 多岁，自然是春风得意，自负满满，迎来送往，应酬颇多。正所谓“意气风发之时，必有盛气凌人之举”，他整日里无所事事，要么以新科进士的身份干涉政事，要么凭借伶牙俐齿伤害朋友的心。在荒唐之余，曾国藩也不由感慨：“留馆后，本要用功，而日日玩愒，不觉过了四十余天”。尽管他咬牙立志，却依旧故我，徒然叹息。

直到两年后的 1840 年，这一年，曾国藩大病一场，生命垂危，幸得朋友照料。在生死之间，他或许有了更深的感悟，意识到往日的荒唐。病愈之后，他彻底改变了自己的生活态度，开始刻苦读书，并向京中的前辈唐鉴、倭仁学习修身之法，立志修身养性，时刻不忘磨砺心志。

此后，在他的日记之中反省极多，随处可见“荒诞”“可恶”“真禽兽”等词语严厉自责。即便是梦中得利、多看朋友内眷几眼，他也会毫不留情地批判自己。正是这种无时无刻地自我反省，让曾国藩迅速成长，面貌一新。他在京城十年七迁，日后所取得的成就和德行，实际上也是此时奠定的基础。

斯宾塞·约翰逊曾说：“如果你每天给自己留下一点时间，哪怕是短短的五分钟，对人生进行自我反省，那么未来你一定能够享受到自我反省的诸多益处。”

生命是一个不断转变的过程，如果你不反思自己，不改变自己，那么你就会被社会淘汰！《论语》有云：“见贤思齐焉，见不贤而内自省也。”请每天给自己一点儿时间，哪怕是短短的五分钟，对一天的生活工作进行自我反省，相信它一定能够启迪你的智慧，开拓你的思路，更新你的观念，不断完善你的人生。

第六章

底线：
善良有边界，真诚有分寸

第一节

你的善良，必须带点锋芒

美国文学家爱默生曾经说过：“你的善良，必须有点锋芒，否则等于零。”让善良长出锋利的牙齿，才能真正拥有正义的力量。

善良无疑是一种美德，但如果缺乏界限，它可能会变成我们的软肋，为他人提供攻击和伤害我们的机会。

因为，并非所有的“好”都会得到感激，有些人永远不懂得感恩，犹如《东郭先生》中的狼。

阿牧在公司被大家称作“老好人”，他总是避免与人产生冲突，也很少找人帮忙，却习惯性地帮助别人。他的同事们经常让他帮忙修改方案、撰写报告、接待客户，他从不拒绝。他担心拒绝会破坏彼此的关系，所以宁愿自己加班。

有一次，由于工作太忙，忘了帮某位同事修改方案，这位同事被领导批评了。这位同事因此大声责骂阿牧，将责任全部推给他，还向他发泄怒火。阿牧感到非常委屈，因为他之前帮忙时从未听到过感谢，现在却遭到责骂。尽管如此，他还是不敢反驳，害怕对方更加不悦，影响彼此的关系。

后来，当阿牧需要这位同事帮忙时，对方却找各种理由拒绝他。

我们常常陷入一个误区，以为自己付出多少，就会得到相应的回报，至少那些我们帮助过的人，在我们遇到困难时会表现出关心。然而，现实却是有些人非常看重他人给予的帮助，并会尽力回报；而有些人却对别人的帮助视若无睹，甚至遗忘。

很多时候，伤害我们的正是那些我们曾经帮助过的人。因为我们高估了彼此间的感情，低估了对方对利益的权衡，不自觉地对对方抱有过高的期待，最终自然只能得到失望。

善良是宝贵的，但没有锋芒的善良，等同于软弱。你应该将你的善良留给那些善待你的人，对于那些无视你的善良甚至利用它伤害你的人，则需要保持理性，并拥有回击的勇气。

沐沐在北京的一家医院工作，她的很多亲戚一到北京就医，便会到她家中借住几晚。起初，沐沐表现出极大的热情，但随着时间的推移，即便是不太熟悉的亲戚也开始频繁打扰她。这些人称赞她通情达理、心地善良，似乎认为在她家借住几日是理所当然的。

有一次，表姐又给她打电话，要将另一位亲戚介绍过来，希望让对方在她家留宿几天。沐沐对此感到非常为难，因为她连对方的面都没见过。最终，她鼓起勇气拒绝了表姐："我愿意帮忙只是出于情谊，但这并非我的义务。我的家又不是酒店，不能随便让不熟悉的人来住。"

起初，沐沐还有点忐忑，担心以后与表姐见面会变得尴尬。然而，结果却出乎意料。原来，表姐也认为让不熟悉的人去沐沐家住并不妥当，但仍有不懂分寸的人要求她给沐沐打电话。沐沐的拒绝无意中也帮她摆脱了困境。从那以后，表姐和其他亲戚开始将这件事广为传播。沐沐注意到，那些不太熟悉的人向她求助的次数减少了，即便有人来寻求帮助，态度也变得更加礼貌，不再认为一切都是理所当然。

没有底线和原则的善良，容易让他人得寸进尺，不懂得珍惜。越是善良的人，越应该设定明确的界限和原则，以保护自己不受伤害。

学会适时地拒绝他人是必要的，这样别人才能明白你的底线所在，才会在求助时注意分寸。不必担心这会影响你与别人的感情，如果对方因为你合理的拒绝而感到不快，那么这样的关系或许并不值得维持。

真正的善良是有界限的，你可以保持善良，但不能无原则地纵容和迁就。并非所有人都值得宽容，也不是所有错误都能被原谅。善良不是对所有事情都一视同仁，而是要根据事情的性质和影响来做出明智的判断和选择，该处理的处理，该纠正的纠正。

亚马逊的创始人杰夫·贝佐斯在一次演讲中提到："聪明是一种天赋，善良是一种选择。"他向听众传达了他祖父的教诲："善良要比聪明更难。"成为一位智慧与善良并重的人，用智慧来武装善良，这样才能让善行更加美好，让恶意远离。

第二节

帮与不帮，拿捏好分寸

了解自己的能力边界，并适时拒绝别人的请求，既是对自己的尊重，也是对别人的尊重。

掌握好帮忙的分寸，有选择性地提供帮助，反而能赢得他人的信任和喜爱。因为这表明你拥有自己的见解和原则，你的帮助是经过深思熟虑的。如此，你的帮助才显得更加宝贵和有意义，避免好心办坏事。

在电影《男人百分百》中，主人公尼克对女儿和同事的事情非常关心，热衷于为他们提供帮助和建议。

一次意外触电后，他获得了读心的能力。他这才意识到，自己的关心对女儿而言，实际上是一种令人厌烦的控制；而对同事的频繁帮助，也变成了打扰和冒犯。

意识到这一点后，他开始适度地关心他们，反而因此获得了他们的喜爱。

心理学家指出，任何事情一旦过度，就变成了坏事，关心亦是如此。若想真正对他人好，就不要过度窥探和干涉他人的事务，而应在对方需要时，给予恰到好处的帮助。一次雪中送炭，比无数次的锦上添花更让人印象深刻。

在帮助别人的时候，应根据具体情况做出选择。对于暂时遇到困难的人，你的帮助可能会助他走出困境，令他对你充满感激；而对于那些长期依靠别人生活的人，你的帮助可能只会助长他们的惰性，使他们对你产生依赖。

古时候，有一位秀才，以乐于助人闻名乡里。无论别人请他做什么，他总是毫不犹豫地答应。

有人向他借钱，尽管自己的生活都十分拮据，他仍尽力凑足借出。周围的人称赞他心地善良，但很少有人按时归还借款。

随着时间的推移，他的生活变得越来越艰难，甚至无法继续读书，更无法帮助他人。渐渐地，人们对他的评价也发生了转变，认为他之前的善举不过是一种伪装。

当受助者对别人的帮助产生了依赖感时，一旦这种援助行为停止，他们可能会对帮助者产生怨恨。因此，在帮助别人的时候，确实需要掌握一个恰当的尺度。

在心理学上有一个概念叫“受助者恶意”，它描述了一种情况：个体在接受帮助的过程中，可能会意识到自己的脆弱和不足，从而将帮助视为施舍或炫耀，这可能会伤害到他们的自尊。

这是因为人们通常追求平等，而接受帮助的人会感到内心的平等感缺失，因此他们可能在接受帮助的同时，内心深处却对施助者怀有怨恨。

从心理学的角度来看，提供帮助的时候，我们不应无条件地给予而不求回报，也不应过于张扬，而应悉心维护受助者的自尊。

帮别人的忙，还要量力而行。《增广贤文》中有云：“力微休负重，言轻莫劝人。”意指有多大的能力，就该做多大的事情，不要勉强自己去做超出能力范围的事情，以免给自己带来不必要的负担和困扰。

勉强答应他人的请求，即使成功也是在为难自己；做不到，不仅违背了承诺，损害了自己的信誉，还可能耽误了他人的事务。

第三节

别让“热情”成为人际关系的绊脚石

“过度的热情就像用热水浇花”，这句话生动地传达了一个道理：热情是一种力量，但是过度热情只会适得其反。

过度的热情可能会让人以为你别有用心，导致他人产生逃避或拒绝的心理。此外，在社交场合表现出的过度热情，可能会使你显得不够珍贵。

心理学中的“稀缺效应”告诉我们，人们往往更加珍惜那些稀少且难以获得的事物，而对轻易得到的东西不屑一顾。

你越是急于展现自己的热情，别人越能感受到你渴望被认可和被接纳的心情，这反而会降低你在他人眼中的价值，导致别人不会珍视你。相反，如果你给予他人适度的热情，甚至偶尔表现冷漠，别人反而会觉得你的热情万分珍贵。

适度的热情能够帮助你赢得真正的尊重和重视，这实际上也是对自我价值的一种保护。在人际交往中，当你与他人保持适当距离时，对方往往会产生好奇心，愿意投入更多时间去发现你的价值，这会让你散发出独特的魅力和吸引力。

人与人之间真正的联系，往往源于彼此的吸引力，而非依赖于讨好。因此，你不需要用过度的热情去换取感情，保持适当距离所带来的神秘感，自然会在不知不觉中拉近彼此的距离。

保持恰当的社交距离，可以让双方都处于最舒适的状态。美国人类学家爱德华·霍尔提出，工作环境和社交场合中的社交距离应在 1.2 米至 3.7 米之间，而亲密距离则在 15 厘米至 44 厘米之间。

如果你在与他人关系尚不亲密时，就自作主张地将社交距离缩短至亲密距离，可能会让对方感到你侵犯了他们的私人空间。

每个人都有私人空间，当这个空间受到侵犯时，人们会感到不适和压迫。因此，在人际交往中，适当的空间留白能让彼此相处得更加舒适和愉悦。

有位年轻人，他经常会抽出时间前往一家书店。在那里，他不仅会阅读各种书籍，还会购买一些他特别喜欢的书。在书店里，他遇到了另一位常客。他们似乎有一种心照不宣的默契，总是在挑选和翻阅书籍时相遇。尽管如此，他们从未并肩而坐，总是保持着一定的距离。朋友对此感到困惑不解，不明白为何他们不选择坐在一起，共同享受阅读的乐趣。年轻人对此解释道："阅读本质上是一种私密的活动，它关乎个人的思考与情感体验。既然是私密的，保持一定的距离，给予彼此独立的空间，我认为这样更为恰当。"

在人际交往中，适度降低热情，让关系拥有适当的距离感，是必要的。正如某位作家所说："真正的体贴，你意识不到。但凡让人感激涕零的体贴，大多是收买人心的手段。最体贴的人，会给你做选择的空间，不会对你热火朝天的好。过度热情也是一种压力。所以真情往往披着一件冷漠的外衣。适度的冷，恰恰是人际关系中最适宜的温度。"

在短暂的交往中，保持表面的热情或许很重要，但若想让一段关系稳定且长久，保持亲近的同时又不失距离，才是最佳的相处之道。

与人相处的理想状态，或许就是有温度，但不过度。

第四节

交浅就不可言深

苏轼在《上神宗皇帝书》中提到:“交浅言深，君子所戒。”意思是说在交情尚浅的情况下，与人深入探讨私密话题，是君子应该避免的行为。

许多人可能都有过类似的生活体验：与某人尚不熟悉，对方却突然询问“你在哪里工作，工资多少”“什么时候结婚”“怎么还不要孩子”等私人问题。这类问题若由不熟悉的人提出，难免会让人感到不适。

交流的话题通常取决于双方关系的亲疏程度，而人与人之间关系的深化和信任的建立，都需要一个循序渐进的过程。

例如，社交经验丰富的人通常明白，在初次见面时，避免谈论个人相关的话题，而是选择聊聊天气、上下班情况、是否用餐等基础且客观的事情；在交流观点的阶段，可以分享自己对某些事情或新闻的看法，尝试与对方建立共识，但不会轻易表露个人情感、需求或目的，这一阶段通常存在于普通同学或同事的关系中。

在与人尚不熟悉时就深入交谈，可能会让对方产生“这个人不值得信任”的印象。因为对方会认为，如果你现在可以轻易地将重要的事情或秘密告诉一个不熟悉的人，那么将来也可能同样轻易地将这些事情告诉其他人。

此外，在与人相处时，最忌讳的就是急于自我披露，草率地将内心的想法和秘密全盘托出。在没有充分了解对方的情况下，过度坦率和毫无保留往往会使自己处于不利地位，甚至可能被心怀不轨的人利用，给自己带来伤害。

唐玄宗时期，有一位名叫张堰的人。他不仅聪明绝顶，而且在筹划方面有着非凡的才能，于是他得到了当时权势滔天的宦官鱼朝恩的青睐，并成了鱼朝恩府上的门客。

然而，鱼朝恩与著名的将领郭子仪之间存在着严重的矛盾。在郭子仪被派遣出征平定叛乱的间隙，鱼朝恩做出了令人发指的行为——他派人挖开了郭子仪家族的祖坟。这一举动震惊了朝野，也让张堰感到极度的震惊和羞耻。

张堰认为自己与鱼朝恩府上的另一位门客吴士达有着共同的兴趣和追求，于是他毫无保留地向吴士达倾诉了自己对鱼朝恩的不满。然而，张堰万万没有想到，吴士达竟然将他的话悄悄地传播开来。最终，这些言论传到了鱼朝恩的耳朵里，给张堰招来了杀身之祸。

交友是一个渐入佳境的过程，即使你与新朋友相谈甚欢，也应保持清醒的头脑，说话要注意分寸。

在与人交谈中，避免涉及过于敏感的私人话题，多谈论一些轻松愉快的内容。如此，既能增进彼此了解，又不会给对方带来不必要的压力。

这既是对他人的一种尊重，也是自我保护的体现。毕竟，短暂的相处无法判断一个人是否值得信赖，一段关系是否稳固可靠。

言语应跟随感情的步伐，只有在双方有了更深入的了解后，才能深入交流。

请相信，终有一天你会遇到那个能让你畅所欲言、毫无顾忌的朋友。但在那之前，需记得言谈需谨慎，行为需适度。

第五节

如何优雅地说“不”：拒绝他人的实用指南

毕淑敏曾说：“拒绝是一种权利，就像生存是一种权利。”其实，拒绝不代表冷漠，而是在尊重他人的同时，尊重自己的感受。坦诚表达自己的立场和难处，是对他人和自己的尊重和保护。

在社会交往中，直接表达拒绝往往难以启齿，且容易造成不必要的冒犯。若能巧妙运用委婉、幽默或假设等表达方式，便能以多种方法达到相同的目的——既明确表达拒绝，又尽量避免伤害对方情感。

钱钟书的《围城》享誉全球，它不仅是中国现代文学的经典之作，也成了世界文学宝库中的一颗璀璨明珠。一位外国女士被这部作品深深吸引，她对书中所描绘的复杂人性和幽默讽刺的文笔非常着迷。因此，她怀着无比激动的心情联系钱钟书，希望能够拜访这位文学巨匠。

钱钟书一向淡泊名利，自然不喜欢这些应酬。他更愿意在安静的书房里，与书为伴，与思想对话。面对这位女士诚挚的请求，钱钟书难以直接拒绝。然而，他也不愿意违背自己的本性，去迎合那些他并不热衷的社交活动。于是，他以一种充满智慧和幽默的方式回应了这位女士：“如果您品尝了一个鸡蛋，觉得它美味，为何一定要见那只下蛋的母鸡呢？”这句话既体现了他的谦逊，也巧妙地表达了他拒绝拜访的意愿。

掌握了拒绝这门艺术，你的生活将变得丰富多彩。在许多情况下，拒绝者之所以招致怨恨，并非由于你的拒绝使得对方的期望破灭，而是因为你的口无遮拦和不留情面，让对方感到自尊心受到了伤害。

成熟的人在表达拒绝时，也应保持谦逊和含蓄。他们通常能在不伤害对方感情的前提下，耐心聆听请托者的要求。即便在对方陈述的过程中，他们已经明白需要拒绝以及如何拒绝，但他们仍会耐心听完后以委婉的方式表达拒绝，并且可能会提供一些其他建议。

一位雄心勃勃的军官想跻身贵族之列，请求英国首相狄斯雷利，封他为男爵。但封爵有着严格的条件和规定，虽然这位军官能力出众，在军事领域有着非凡的建树，但并不符合封爵的标准。

这让狄斯雷利很是为难，如果直接拒绝，担心会让这位心高气傲的军官心生怨恨，如果勉强答应，又违背了原则，会给自己带来麻烦。

经过一番深思熟虑，狄斯雷利特意邀请军官单独到自己的办公室。狄斯雷利起身，热情地招呼军官坐下，然后缓缓开口，声音中带着一丝歉意："亲爱的朋友，我深知你对男爵封号的渴望，也明白你的能力和贡献。但很遗憾，按照规定，我目前无法授予你男爵的封号。"军官的脸色瞬间变得有些难看，眼神中流露出失望和不满。

稍后，狄斯雷利却话锋一转，压低声音，神秘兮兮地说："不过，我可以给你一件更好的礼物。"军官疑惑地看着他。

只见狄斯雷利微笑着，眼神中透露出一种睿智的光芒，继续说："我会告诉所有人，我曾多次诚恳地请你接受男爵的封号，但都被你拒绝了。"

军官有些愣神，但很快便明白了狄斯雷利的用意，便不再要求封爵。这个消息传出后，众人都称赞军官谦虚无私、淡泊名利，对他的礼遇和尊敬远胜任何一位男爵。

以委婉的方式拒绝，可以在表达个人立场的同时，尽量减少对方的失望和不快，从而维护双方的人际关系。

清代的郑板桥在担任潍县县令期间，查处了一个名叫李卿的恶霸。李卿的父亲李君是刑部官员，在得知消息后急忙返回潍县，试图为儿子求情。李君以访友的名义拜访郑板桥，郑板桥明白李君的来意，便不动声色地观察李君如何引入正题。李君注意到郑板桥房中的文房四宝，便向郑板桥要来笔墨纸砚，提笔在纸上写下“燮乃才子”四个字。郑板桥见状，知道对方是在夸赞自己，便提笔回应“卿本佳人”。

李君一看便心领神会，不禁面露尴尬，只好拱手作别。

“卿本佳人”这句话出自唐代李延寿，它的后面还有一句“奈何为贼”。郑板桥所写“卿本佳人”看似是对李君的赞美，实则是在巧妙地表达自己的立场，以委婉而含蓄的方式拒绝了李君的求情，既坚持了原则，又避免了使对方过于难堪。

尽量温和而委婉地向他人说明你拒绝的原因，给予对方一个台阶，这样就不会破坏彼此的和谐关系。例如，在舞会上，如果有人邀你跳舞，而你内心并不想接受，你可以说：“我有些累了，想休息一下。”这样既达到了拒绝的目的，又避免伤害对方的自尊心。这就像良药裹上糖衣，更容易让人接受。

第七章

慎言：
祸从口出，谨言慎行

第一节

言多必失，多说无益

言语是天性之流露，沉默则是智慧的体现。人们常因失言而懊悔，却鲜少因沉默而抱憾。因为未曾说出口的话，不会对任何人造成伤害，故而智者寡言。

《朱子家训》中提到："处世戒多言，言多必失。"常言道，祸从口出，言多必错。有时候，一句话不慎，就可能给自己招来大祸，甚至危及生命。

北周时期的将领贺若敦，骁勇善战，屡立战功，然而官职却始终不高。和他同时入伍的人已经是将军了，他却只是中州刺史。

贺若敦心中不满，在朝廷使者到访时，他不断抱怨朝廷不公，对自己的待遇太差了。这些话传到了当时的实际掌权者宇文护耳中，宇文护非常生气，下令贺若敦回朝自尽。

临终前，贺若敦明白了自己因言获罪的原因，于是把儿子贺若弼叫来，告诫他一定要谨言慎行，并用锥子刺破了儿子的舌头，以血的教训警示他。

然而，贺若弼似乎忘记了父亲的叮嘱。在隋文帝时期，他因战功被封为将军，却因未获宰相之职而心生不满，还在公开场合批评宰相高颎和杨素无能。这番言论触怒了隋文帝，贺若弼因此被革职。

后来，他被重新起用为官，跟随隋炀帝北巡。隋炀帝耗费大量人力、物力建造了一个可容纳几千人的大帐篷，众人都未置一词，只有贺若弼在私下议论皇帝奢侈。这番话被人告发，贺若弼被隋炀帝以“诽谤朝政”之名处死。

《道德经》中有言：“知者不言，言者不知。”它强调，聪明的人都懂得沉默的智慧。《鬼谷子》等典籍中亦指出“言多必有数短之处”，言辞过多，难免会暴露自己的短处或错误。

“言多必失”的现象在生活中也屡见不鲜。例如，有人在社交场合因过于健谈，无意中触及对方敏感话题，导致气氛尴尬；有人在聚会中因与朋友闲聊过多，不慎泄露他人的隐私信息，造成关系紧张。

孔子在参观周王祭祀先祖的宗庙时，在那里见到了一座嘴被封住的铜人像，其背后还刻有铭文：“古之慎言人也，戒之哉。无多言，多言多败。”这是在告诫人们，要谨言慎言，避免无谓的言辞。

南朝宋的皇太子刘义符非常贪玩，众臣对他亦感失望。宋武帝刘裕病重之际，被封为武昌县公的谢晖对皇位继承问题忧心忡忡，于是向刘裕进言：“治理国家绝非易事，陛下要慎重考虑，皇太子刘义符似乎并非继承帝位的合适人选哪。”

刘裕明白谢晖的忧虑所在，便问他：“那你觉得庐陵王怎么样？”

谢晖谨慎回答：“我对庐陵王了解不多，不敢妄加评论，容我进一步观察后再做定论。”

谢晖离开皇宫后，立刻前往庐陵王刘义真的住所，开始暗中观察。

刘义真表现得非常热情，滔滔不绝地谈论着各种话题，从生活小事到天文地理，甚至还提及了立储的事情，谢晖却默不作声。

返回宫中后，谢晖向刘裕汇报：“庐陵王很有才华，但德行不够，言多必失，并不适合做天下之主。”

寡言，即只说有用的和必要的话，不言之无物，不言之不当，这样才能避免许多不必要的祸患。

1. 家丑不外传

《增广贤文》中有云:“手指要往内撇，家丑不可外传”。家中内部的一些矛盾，比如夫妻吵架、兄弟纷争等不宜对外宣扬。一方面，这些私事一旦外传，可能会有损你的公众形象；另一方面，它们可能会被别有用心的人利用，对你造成伤害。此外，你认为的“朋友”在得知你的困境后，可能不仅不会给予帮助，反而会将你的私事作为社交谈资。

2. 秘密不外扬

无论是自己的秘密还是他人的秘密，都不应轻易透露给他人。世上没有不透风的墙，一旦秘密被泄露，就可能被更多人知晓，这与公开无异。如果你无法为他人保守秘密，那么他人也不会再信任你。

3. 不传无根据之事

对于无根据的传闻，切勿轻易传播。否则，他人会认为你是一个喜欢搬弄是非、散布谣言的人，这将影响他人对你的看法，甚至损害你与他人的关系，引起误解乃至引发冲突。

在说话之前，你应该深思熟虑、权衡利弊，考虑自己的言语是否恰当，是否会引起不良后果。若是言之无物，不如保持沉默，因为沉默永远不会背叛你。

第二节

话说三分，留点后路

《增广贤文》中有云："逢人且说三分话，未可全抛一片心。"这句话的意思是，在与人说话时，只说部分想法就好，不要将自己内心的想法毫无保留地说给别人听。

在交流时，掌握话语的分寸至关重要，要根据交流的对象和场合进行调整。有些话，点到为止即可，这样既能传达自己的意思，又避免了可能的冲突。

张大千将一幅《绿柳鸣蝉图》送给了收藏家徐鼐林，画上是一只大蝉卧在柳枝上，蝉头朝下，蝉尾朝上，作欲飞状。齐白石在徐鼐林家做客时，见到了这幅画，便对徐鼐林说："大千此画谬矣！蝉在柳枝上，头永远是朝上的，绝对不能朝下。"后来，徐鼐林把齐白石的意见转告给了张大千。张大千听后，虽然没有说什么，心里却很不服气。

几年后，张大千在四川青城写生，正值盛夏，住房附近的蝉声此起彼伏，不绝于耳。张大千想起齐白石的说法，跑出屋外仔细观察。只见趴在柳条上的蝉，无一例外都是头朝上。他心中暗暗佩服齐白石，但又不得其解。

后来，张大千特地请教齐白石这个问题。齐白石说："蝉头大身小，柳枝又细又软，如果蝉头在上，身在下，就会重心不稳，准得掉下来。如果是在粗的树枝上，如槐树枝、梨树枝、枣树枝之类，蝉头偶尔是头朝下。因为这些树枝较粗、较硬，蝉即使头向下，也还可以抓得牢。”张大千恍然大悟。

季羡林说：“要说真话，不讲假话。假话全不讲，真话不全讲。”这意味着我们说话时不应撒谎，但同时也要适度地保留真话，这有助于我们与他人建立良好的关系，同时也能更好地保护自己。

因为在日常生活中，有些人的关心询问可能只是出于好奇心的驱使或寻求利益，而非真正的善意。

在电视剧《繁花》中，汪小姐将宝总赠予她价值 26000 元的珍珠耳环一事，毫无保留地告诉了同事梅萍。她本打算上交，但梅萍劝她说不用上交，最终她收下了礼物，并将钱给了宝总。后来，宝总知道耳环的真实价值不足 200 元后，又将钱全数退还了汪小姐。

汪小姐所在的外滩 27 号外贸公司，金科长临近退休，汪小姐本有机会接替科长职位。然而，梅萍在金科长面前故意透露了她收下珍珠耳环的事情，指控她收受贿赂。结果，汪小姐还被组织部调查，也错失了晋升机会。

作家刘震云曾说：“你说出多少秘密，就有多少危险在等着你。”尤其是在职场上，当你向同事吐露一个秘密时，本意也许是为了拉近彼此的距离，但这个秘密最终可能成为别人茶余饭后的谈资；当你向同事透露自己的工作计划和业绩时，这些信息可能会被他人利用，成为日后给你设置障碍的工具。如果你在与人说话时保持一定的警惕和策略，就能避免泄露过多个人信息，从而保护自己不受伤害。

这并不意味着我们不能信任周围的人，而是要学会分辨哪些人是值得信任的、是真的关心和在乎我们，哪些人只是为了达到某种目的接近我们。对于那些值得信赖的人，我们可以适当地对其敞开心扉。

当然，即使关系再亲密，也应保持适当的距离。过度的抱怨可能会给对方带来负担，导致对方逐渐疏远你。话说三分，言有尽而意无穷，正所谓“知我者，谓我心忧；不知我者，谓我何求”。真正良好的关系，即使话语未尽，也能理解彼此。

在人际交往中，无论关系如何，都难免会遇到观点不合、意见相左的情况。如果毫无保留地表达，可能会引起误解和冲突。如果我们不把话说得太绝对，就能为自己和他人留下回旋的余地，避免破坏彼此的关系。

为了保护个人隐私，维护人际关系的和谐，我们应当学会在交流中把握分寸，掌握话说三分的智慧。

1. 突出重点，避免过度倾诉

你可以与任何人交谈，但并非所有话题都适合谈论。在与人交流时，应当抓住重点，只说必要的话。例如，与同事交流时，专注于与工作相关的内容，实现高效沟通；与朋友交谈时，换位思考，顾及对方的感受。不要过分倾诉自己，以免无意中触及他人的敏感点或泄露个人的秘密。

2. 使用不确定性的表述

在说话的时候，尽量多用“可能、也许、试试看”等表达不确定性的词语，避免把话说得太绝对。同时，观察对方的反应，根据情况调整自己的言辞。这样，你就为自己留了一个可上可下的“台阶”，以防说出的话无法实现时陷入尴尬。

“话不说满，留三分余音；事不做绝，留几分转机 。”懂得在交流中保留余地的人，能使对话充满弹性、分寸和进退的空间。只有说话留有余地，人与人之间的相处才会更加轻松自如。

第三节

明辨是非，谣言止于智者

《荀子》中有言："流言止于智者。"智者往往具备敏锐的洞察力，在面对谣言时，他们会保持理性和判断力，不会轻易相信和传播未经证实的传闻。

谣言通常指那些缺乏事实依据，被凭空捏造的消息。它往往具有断章取义、移花接木等特点，使人难以分辨真伪。这通常会导致两种结果：一是众口铄金，真相被否定；二是谎话重复千遍，似乎成了真理。保持理性思考，不轻信未经证实的信息，是避免谣言影响个人判断的关键。

战国时期，秦国越过韩国和魏国，向齐国发起进攻。齐威王命匡章带兵迎战，双方士兵在桑丘形成对峙。

由于秦国军队与本土之间隔着韩、魏两国，他们担心遭到背后偷袭，因此不敢轻易出击。匡章了解这一情况后，便频繁派人向秦军示好，以消磨秦军斗志，并在对方军中安插了间谍。

有人注意到匡章没有立即发起战斗的意思，便误以为他想投降，并将这一消息传播开来。齐国的大臣纷纷上奏齐威王，声称匡章准备投降，建议立即剥夺其军权。

齐威王听了众臣的意见后，没有立即接受，而是深入分析了匡章的品行，最后断定这是诬陷。后来，匡章在桑丘大败秦军，之前的谣言也不攻自破。

自古以来，谣言常常容易引发社会的动荡和恐慌。而互联网的迅猛发展更是为谣言的滋生与传播提供了“温床”。

为了追求利益，造谣者不惜捏造事实、炒作事件，通过编造和传播虚假信息来“蹭热度”“带节奏”，以达到吸引流量，牟取暴利的目的。

一些造谣者冒充官方发布虚构政策，比如，“国家数据局颁发个人数据资产拥有权确权凭证”“央行发行十二生肖纪念币套装”；有的造谣者使用煽动性言辞夸大事实，比如，“重磅！！！领取养老金要缴3%个税，起征点5000元/月？”“出大事了！市场传来消息……”；还有人传播伪科学信息，比如，“缓解肩周炎一周见效！”“速看，此物致癌！”等。

这些依赖网络产生的谣言，与传统的口耳相传相比，传播速度更快、传播范围更广。在面对网络谣言时，我们如何提升自己识别谣言的能力呢？

1. 核实信息来源

谣言通常源自非官方媒体或个人，要辨别谣言，就需要在接收信息的时候查看其来源，确认发布信息的媒体或个人是否可靠、是否具有公信力。

2. 对照官方信息

政府、相关部门和官方媒体通常会发布准确的信息，在接收到信息后，可以通过官方网站、广播电视等多种途径去搜索或对比信息，以核实信息的真实性。如果接收到的信息与官方信息存在明显差异，则可能是虚假谣言。

3. 分析信息内容

分析信息的逻辑是否合理。谣言往往存在逻辑上的漏洞，如果接收到的信息自相矛盾或夸大其词，那么很可能是谣言。

分析信息是否有科学依据。当接收到的信息涉及生物学、农业科学、医学、信息科学等领域时，可以查阅相关资料或咨询专业人士，以判断信息内容是否具有科学依据，缺乏科学依据的信息通常为谣言。

4. 借助专业工具

许多专业工具会对网络上的信息进行实时监测和辟谣，并提供准确的信息来源和辟谣依据，这些工具可以帮助我们更有效地辨别信息真伪。

辨别谣言有很多行之有效的方法，对于未经证实的消息，切忌盲目跟风。谣言如沙，轻易散去不可信，我们要多听、多看、多思考，做到不轻信、不盲从。

第四节

润物无声，智者的规劝之道

王阳明在《教条示龙场诸生》中写道："责善，朋友之道；然须忠告而善道之，悉其忠爱，致其婉曲，使彼闻之而可从，绎之而可改，有所感而无所怒，乃为善耳。"

他强调，引导他人向善是朋友间相处的应有之义，但必须以忠言相告并且运用恰当的方法，言辞要委婉温和，让朋友能够欣然接受建议并做出改变，而不是感到愤怒，这才是对朋友真正的关爱。

北宋时期，张咏和寇准是朋友。听闻寇准升任宰相后，张咏对其部下说："寇准才华出众，可惜学术修养不足。"张咏知道寇准颇有才能，但注意到他不爱学习，便一直寻找机会劝寇准多读书。

后来，寇准因事抵达陕西，恰逢张咏从成都卸任来到此地。他们相聚了一段时间，在临别之际，寇准问张咏："您有什么话要教导我吗？"张咏本想劝他多读书，但又不便直接指出其学问不足。于是，他沉吟片刻说道："《霍光传》不可不读哇。"

当时寇准并不明白其深意，可是张咏没有多做解释便离开了。寇准回到府中，拿出了《汉书》，翻看《霍光传》。

当寇准读到"然光不学无术，暗于大理"时，他顿悟了张咏的用意。

"金无足赤，人无完人。"每个人身上总有一些需要他人指正的地方，但劝导也应考虑场合和方式，注意维护对方的尊严，避免让对方感到难堪。过于尖锐的言辞可能会伤害对方的自尊，激起其愤懑之情，从而无法达到规劝的目的。

如果我们在给别人忠告时，加入一些令人愉悦的话语，意见往往会更容易被采纳。

春秋时期，齐景公特别喜欢捕鸟。有一次，他得到了一只极为珍爱的鸟，便命烛邹看守它。不料，烛邹不慎让鸟飞走了。齐景公勃然大怒，下令处死烛邹。

晏子听说这件事之后，对齐景公说："烛邹有三条罪。请允许我先说出他的罪行，然后您再下令行刑，让他死得明白。"齐景公同意了。

晏子将烛邹拉到齐景公面前，对他说："烛邹，你有三条罪状：负责看守大王的鸟，却让它飞走，这是罪状之一；你让大王因为一只鸟就杀人，这是罪状之二；如果大臣们知道了这件事情，会认为大王重视鸟而轻视人，损害了大王的英明形象，这是罪状之三。"晏子说完便请求齐景公对烛邹治罪。

齐景公听后明白了晏子的意思，便说："把他放了吧，我已领悟了你的教诲。"

真正的规劝艺术，就是让别人在毫无反感的情况下理解并接受你的忠告。

顺耳的忠言在生活中比比皆是。例如，在马来西亚的柔佛市，有一块安全警示标志提醒人们不要超速驾驶。上面写着："阁下驾驶汽车时，如果时速保持 30 公里左右，就能领略本市的优美景色；时速超过 60 公里，请前往法院；超过 80 公里，欢迎光顾本市设备最完善的医院；超过 100 公里，上帝将亲自欢迎您。"

这种警示牌以亲和、放松且幽默的方式传达信息，让人愉快地接受了忠告。那么，在其他方面想要规劝他人时，我们如何才能让忠言变得顺耳呢？

1. 避免与第三方进行比较

在规劝他人时，应避免通过比较不同事物或人物来提出忠告，如使用“看看别人……难道你不能向别人学习吗”这样的话。因为这类比较通常会触及被劝者的不足之处，容易伤害其自尊心。受自尊心的驱使，即便被劝者意识到自己的缺点，也往往不会接受他人的规劝。

2. 表达关怀而非告诫

在给出忠告时，应展现出对对方的尊重和关怀。你可以关心对方的状态，或提醒其某项行为可能带来的后果，但不必直接教导对方应该怎么做。例如，加班时推来的半杯温咖啡，通勤路上多备的折叠伞，感冒时玄关挂着的药袋，保温杯里悄悄泡好的姜茶……成年人的关怀，是把“我懂”藏进共享充电宝，把体谅化作茶水间的枇杷膏。

3. 先扬后抑法

美国企业家玛丽·凯·阿什在《用人之道》一书中提到：“绝不可只批评不表扬，这是我严格遵循的一个原则。”

例如，假设你在工作中负责管理一个团队，在得知团队成员尽管努力仍未能顺利完成任务的时候，如果你只是简单地说“下次不能再这样了”，即使你是出于客观事实的劝告，大家也可能会在心中抱怨“站着说话不腰疼，有本事你来试试。”

但是，如果你先对大家说“我知道大家已经很努力了，这次的事情我也有责任”，再与他们一起分析失败的原因，探讨如何在下次避免失败，相信大家会更愿意接受你的建议。

先扬后抑的批评方式，就是间接提出别人的错处，这要比直接说出温和得多。在日常生活中批评他人时，也可以采用这种方式，批评之前先加入一些赞美和肯定的话语，让对方感到舒适，他们会更加愿意接受并改正错误。

无论多么有价值的话，也必须让人愿意倾听。良药可以爽口，忠言亦可顺耳。

第五节

三思后说，别让心直口快害了你

有时，真相无须言明。心知肚明，却保持沉默，这不仅为自己避免了麻烦，也使得人际交往更加和谐。

言者无心，听者有意。有时，发言者可能并未赋予话语深刻含义，听者却可能将这些话语铭记在心，反复思量。

那些说话不经大脑的人，经常因为一句脱口而出的话，无意中得罪了别人却浑然不觉。

晚唐抒情诗人、词人温庭筠，他曾多次帮助令狐绹代写《菩萨蛮》词。一次，令狐绹对某个典故的出处感到困惑，便向温庭筠求教。温庭筠告诉他说，该典故出自《南华经》，也就是我们今天所熟知的《庄子》。

随后，温庭筠又补充道："大人，《南华经》并不是冷僻的书籍，您在处理公务之余，也应抽时间多读读哇。"令狐绹听后，认为温庭筠在暗示自己缺乏足够的学识和文化修养，于是感到非常不悦。此后，令狐绹慢慢疏远了温庭筠。在唐宣宗考虑将温庭筠录为甲科进士时，令狐绹进行了阻挠。而且，由于令狐绹的干预，温庭筠在随后的科举考试中屡次落榜。

哲学家德谟克利特曾说："别让你的舌头抢先于你的思考。"话语一旦出口，便承载了意义，即便是最简单的语气词，在不同的情境下，也可能被赋予不同的含义。

如果一个人能够通过言语精确地表达自己的想法，或达成预期的目的，那么他的沟通就是成功的。然而，我们常常发现，言辞难以准确传达心中的意图，甚至好意的话语也可能产生相反的效果。因此，说话之前，务必三思。

薇薇的朋友曾在心情低落时向她倾诉烦恼。她为了鼓励朋友，说道："这没什么大不了的，谁都会有不开心的时候，这些都会过去的，别担心。"接着，她还分享了自己克服困难的经历，本意是为了给朋友打气，可是朋友一直很沉默。

从那之后，朋友不再向她吐露心声了。过了很久，朋友才和薇薇说起当时的心境："我知道你是出于好意，但'这没什么大不了的'在我听来，就像是在说'你怎么这么矫情，为这么点事就如此沮丧'，这让我更加难过了。"

童言无忌，但成年后，我们说话就需要谨慎。即便我们言之有理，若时机、场合不当，言辞亦可能失当。成年人应避免因性格直率而口无遮拦，在话说出口之前，不妨思考三件事。

1. 我的意图是什么

在说话之前，明确自己想要表达的核心信息至关重要。思考说话的目的是为了满足倾诉的需求，拉近与他人的关系，还是展现自己的能力？了解自己的说话意图，才能确保对话不会一开始就偏离轨道。

如果只是为了满足倾诉的需求，就可以以自我感受为主，甚至直接宣泄情绪。如果是为了拉近与别人的关系，则需要思考对方想听什么。不同的说话意图，决定了你将如何组织自己的语言。

2. 我该如何表达出来

话语传递的信息不仅限于文字，语调、语气、表情、眼神等非语言因素同样重要，它们共同构成了说话的姿态。

在说话之前，你要想清楚自己的立场和应采取的说话姿态，即学会分析形势，察言观色。

如果与亲近之人交谈，且氛围放松，可以直接表达，只要不伤人就好；如果是在正式场合和不熟悉的人交谈，则应保持温和亲切的态度，言辞要谦逊、文雅，语调也要平和而稳定。

3. 说完的后果如何

在开口说话之前，试想一下，这些话是否会伤害别人，是否有助于解决问题。设身处地，如果我是对方，会有何感受？

考虑说出口的话可能带来的后果，有助于避免误解，确保沟通顺畅和谐。

第八章

不争：
做平凡事，享非凡福

第一节

以出世的心，做入世的事

“以出世之心，做入世之事”，意味着以一种超然的心态参与世俗事务，同时保持心灵的自由，不被世俗束缚。

“出世”代表了一种超脱世俗、淡泊名利的心态，它象征着一个人从内心深处摆脱了对名利和权力的追求，专注于精神层面的完善；“入世”则与之相反，它类似于儒家所倡导的“修身、齐家、治国、平天下”的理念，强调必须脚踏实地，在现实世界中努力奋斗，以实现个人的价值。

天宝年间，唐玄宗将隐居于山间的李泌召入宫中，与他讨论时政，李泌的见解深得玄宗赏识。然而，这引起了杨国忠的嫉恨，他诬陷李泌通过《感遇》一诗讽喻朝政，导致李泌被贬至蕲春郡。李泌面对此等诬陷，淡然处之，选择“潜遁名山，以习隐自适”。

后来，唐肃宗在灵武即位，李泌又被召回朝廷。在国家危难之际，李泌担起重任，始终陪伴在肃宗左右，为平定安禄山之乱出谋划策。尽管他没有担任要职，但其影响力堪比宰相，这也引起了当时的宠臣李辅国的忌惮。

叛乱平息、大局稳定后，李泌没有因贪恋官场富贵而与人相争，相反，他返回衡山潜心修行，不问世事。

肃宗驾崩，唐代宗即位不久，又将李泌召至京师，任命他为翰林学士，使他不得不涉足俗世。当时的重臣元载视李泌为潜在的威胁，便陷害他，导致他再次被逐出朝廷。元载被诛杀之后，李泌再次被召回，却又遭到常衮的排斥，再次离京。

建中年间，泾原兵变，身处险境的唐德宗再次召李泌至身边，以求稳定朝政。

李泌反复被朝廷召回，但他并没有因此心生怨恨。国家需要时，他便全力以赴；国家安定后，他便毫无留恋地退隐，保持了超然的心态。

在《小窗幽记》中曾提到："宇宙内事，要担当，又要善摆脱。不担当，则无经世之事业；不摆脱，则无出世之襟期。"这表明，世间的事情既要勇于担当，又要善于摆脱束缚。不担当重任，就无法成就治国安民的经世伟业；不摆脱束缚，则无法拥有超脱世俗的胸怀。

在为人处世中，内心应怀有圣人之心，能够以超脱世俗的眼光看待世间纷扰，外在则要将事情处理得有条不紊，符合人情和民心。这正是儒学中"内圣外王"的理想状态。王阳明曾说："我亦爱山仍恋官。"他的一生既有建功立业的抱负，也不忘追求"成为圣贤"的最高理想，这正是这种状态的真实写照。

正德三年，王阳明被贬到贵州龙场，担任龙场驿驿丞。龙场位于贵州的群山之中，虫蛇很多，瘴气弥漫，生存环境极为艰苦。

在这样的环境中，王阳明寻得一处洞穴，命名为"阳明小洞天"，并在其中进行"默坐澄心"的自我修炼。他始终抱有"道自升沉宁有定，心存气节不无偏"的坚定信念，认为只要心存君子之志，无论环境如何恶劣，都能保持正直的行为和态度。他积极地进行耕种、修炼、讲学和悟道等活动。

当时社会普遍推崇朱熹的理学，即格物致知，但王阳明日夜参悟却难以领悟其精髓。加之他身患疾病，意识到自己可能随时会命丧于此。于是，他在洞中给自己打造了一口石棺，每次冥思时都要躺在其中，思考"圣人处此，更有何道？"

终于有一天，他在石棺中惊醒，顿悟："道在吾心。圣人之道，吾性自足，向之求理于事物者误也。”这便是著名的“龙场之悟”。

王阳明的心学理念主张“事上磨、心上修、尘中练”，他提出：“吾儒养心，未尝离却事物，只顺其天则自然，就是功夫。”他认为，修身养性不需要脱离日常生活，生活中的每一处场景都可以是磨砺自我的场所，只要顺应自然的规律，保持一种顺其自然的心态即可。

要达到超然洒脱的心境，仅在理论上学习是不够的，还需要在红尘中历练，经百折而不改初心。曾国藩在创建湘军之初，因刚愎自用，首战即全军覆没，羞愤之下两度跳江自杀，幸得人救。此后，他变得谦逊、平和，处世张弛有度。

《菜根谭》有言：“出世之道，即在涉世中，不必绝人以外世。”当一个人内心平静如湖，内心世界足够强大的时候，就不再需要通过隐居深山来远离世俗了，因为世俗的一切在他眼中早已变得云淡风轻，不值一提。

无论从事何种职业，都应将修炼融入工作之中，通过经历世事来锤炼性格，通过与人交往来磨炼心灵，以保持本心为内核，尽心尽力完成自己应尽的责任。这便是以出世之心做入世之事，用入世之事修出世之心。

第二节

淡泊静心，始终保持一颗平常心

“得财不喜是平常心，失利不忧是平常心，享誉不骄是平常心，受谤不恼是平常心。”面对人生的种种起伏，唯有保持一颗平常心，方能不为外物所动，不为琐事所扰。这种平常心，是在历经世事沧桑后的一种豁达与超脱，是一种历经风雨后的宁静与淡然。

生活自有起伏，始终以一颗平常心面对疾风高浪，方能闲看庭前花开花落，漫随天外云卷云舒，活得潇洒而从容。

王阳明天资聪慧，然而他两次参加科举考试均告失败。同窗们视之为耻，王阳明却说：“世以不得第为耻，吾以不得第动心为耻。”之后，他返回故乡，继续潜心读书。直到第三次科举时，他凭借扎实的学识，终于成功考取进士。

有一次，王阳明前往赣南剿匪。为鼓舞士气，他亲赴前线，却在途中遭遇土匪伏击，被刺下马来。幸得侍卫相救，他才安全回到了大本营。

其余将领都因战败而情绪低落，王阳明脸上却没有丝毫忧虑和惶恐，反而召集将领进入大营，重新部署进攻战略。有人十分疑惑，王阳明解释道：“打仗哪有不败的，一次失利并不足为惧。”随后，王阳明带领众人，运用计谋成功歼灭了土匪。

有人说：“患得患失的人，不会有开阔的心胸，更不会有坦然的心境。”心理学中有一个概念称为“瓦伦达心态”，指的是人们在面对重要事务时，因过分渴望成功而产生的焦虑心态。

这种心态会让人过于关注结果，而无法专注于当前任务，最终导致事与愿违。它源自一个真实的事件，一位名叫瓦伦达的高空钢索表演艺术家，以其稳健的表演而闻名，从未失手的他，却因为在最后一次表演时过于在意成功与否而失足坠落身亡。

失去平常心后，本可轻松完成的任务也会变得困难重重。“天下本无事，庸人自扰之。”与其为眼前的事情惶恐不安，不如放下心中的负担，以一种平和的心态去面对问题，轻装前行，再寻机遇。

后人还根据前人智慧总结出这样的内容：“顺，不妄喜；逆，不惶馁；安，不奢逸；危，不惊惧。胸有惊雷而面如平湖者，可拜上将军！”意指顺境时不沾沾自喜，逆境时不慌张气馁；安逸时不奢侈放纵，危机四伏时不惊慌恐惧。内心即便惊雷炸响，外表依旧波澜不惊的人，可以被委以重任。

唐高宗时期，有位名叫卢承庆的人，担任司刑太常伯一职，主要负责对官员进行考评，其评价直接关系到官员们的仕途发展。

有一次，卢承庆对一位负责漕运的官员进行考核。在监督粮草运输过程中，由于遭遇大风，导致运粮的船只沉没，粮食丢失。因此，卢承庆在考评时给出了“监运损粮，考中下”的评语。“中下”的考评结果，意味着升迁无望了，但该官员却未显失望，而是泰然自若地退下。

卢承庆对该官员的气度和修养颇为欣赏，考虑到事故并非由其管理不善引起，于是将其评语改为“非力所及，考中中”。面对这一变化，该官员依旧面不改色，既不欣喜也不羞愧，默默退下。

卢承庆不禁赞赏道：“遇事从容，实属难得！”说罢，他再次更改评语为“宠辱不惊，考中上”。

稻盛和夫曾言：“苦难不会没完没了，当然幸运也不会永远持续。

得意时不忘形，失意时不消沉，每天每日勤奋工作，这比什么都重要。”

成功与失败都不是永久的终点，而是连续的起点。在追求目标的过程中，所经历的种种情况，以及需要耗费的时间和精力，是不可避免的。

当你以一种不强求的心态来应对世事，便会发现，每一天都是平凡的日常，生活本身亦是平淡无奇。只要保持无忧无惧，不期盼不怀念，坦然面对生活的苦与乐，顺其自然地前行，自然会有水到渠成的时刻。

《菜根谭》中提到：“真味是淡，至人如常。”真正的美味是朴素无华的，而德行高尚的人往往能保持一颗平常心，其行为举止与普通人无异。以一颗平常心看待不平凡的事物，那么一切都会变得平常。

第三节

功成身退，方得自如人生

老子在《道德经》中提到："功遂身退，天之道也。"他主张，当一个人功成名就的时候，要懂得适时退下，这才是顺应自然之道。

若居功自傲，长期占据高位，可能会招致诸多麻烦和风险。

韩信是西汉的开国功臣，他以杰出的军事才能横扫诸国，将项羽围困于垓下，迫使项羽在乌江自刎。

在归顺刘邦之前，韩信的军事实力和声望已名动四方。平定齐国之后，他请求刘邦封他为代理齐王。尽管刘邦害怕皇权旁落，但考虑到韩信掌控着汉军主力，便封他为齐王，并借助韩信的力量共同对抗项羽。

垓下之战后，韩信的声望达到顶峰。然而，称帝后的刘邦对韩信愈发猜忌，最终在陈平的计策下，夺取了他的兵权。韩信在兵权被收，又处处受限的时候企图谋反，被刘邦贬为淮阴侯。后来，韩信被吕后与萧何诱骗入宫，在长乐宫的钟室被杀。

人的功劳一旦过于显赫，便可能引起上位者的忌惮，无形中对上位者的权势和地位构成威胁。上位者便会对其多加提防，并千方百计地打压削弱。即便他本人无意卷入权力斗争，但其显著的成就自然而然会成为众人关注的焦点。

众所瞩目，意味着一言一行都要受到严密监督，光芒过盛则可能招致嫉妒和诽谤。功成之后，若能适时退隐，便能避免许多不必要的矛盾和冲突，从而保全自身。

范蠡是春秋时期越国的杰出大臣，曾为勾践献上良策，不仅保全了越国，还陪同勾践在吴国忍受多年的人质生活。随后，他辅佐勾践兴越灭吴，争霸天下。

因策划征伐之功，范蠡被封为上将军。越王勾践凯旋回越后，举行了一场盛大的庆功宴。宴会上，乐师演奏了《伐吴》一曲，曲中有词称赞文种和范蠡的功绩，众臣皆欢笑，只有勾践面无喜色。

范蠡观察到勾践的反应，意识到此人可共患难，却不宜共享富贵。他深知“飞鸟尽，良弓藏；狡兔死，走狗烹”的道理，因此选择急流勇退，果断向勾践辞官，以避免未来可能的灾难。

勾践假意挽留范蠡：“先生如果留在我身边，我愿与您共享越国；如果您离去，我将身死名裂，连带您的妻儿也将遭难！”范蠡明白这不过是虚情假意，不敢抱有奢望。当晚，他便携带家眷悄然离去，辗转到了齐国，改名换姓，做了商人，最终成就了商圣之名。

范蠡在离开越国之后给文种写了一封信，告诫他勾践能共患难却不能共富贵，劝他尽快离开。然而，文种不舍得放弃当时的生活，并未听从范蠡的劝告，最终被勾践以莫须有的罪名逼迫自尽。

功成身退，自古以来便是难能可贵。毕竟，很少有人愿意从高位退下，舍得放弃手中掌握的权力。

汉代起，官员一般到了 70 岁便应“致仕”，即现代意义上的退休。然而，许多官员到了年纪仍不愿交出权力。诗人白居易曾作《不致仕》一诗，讽刺那些贪恋权势、年高而不愿退休的官员：“可怜八九十，齿坠双眸昏。朝露贪名利，夕阳忧子孙。”

功成身退，实际上是一种超然物外、淡泊名利的人生态度。它并非要求人们否定或逃避成功，而是告诫人们在成功后仍然保持谦逊，不因名利而自满，懂得审时度势，清醒地认识到自己的处境，并在适当的时候退隐，以保持低调、避免纷争。毕竟，“身退”需在“功成”之后，如果没有积极进取，也就无所谓退隐了。

在生活的各个领域，都蕴含着功成身退的智慧。例如，在职场中，当我们圆满地完成了一项任务并获得荣誉和奖励后，保持谦逊和谨慎的态度面对他人，或在适当的时候将机会让给新人，这不仅能让团队的后备力量得到锻炼，还能让自己赢得他人的信任和支持，从而与他人建立更和谐的人际关系。

“满招损，谦受益。”努力工作并取得成果值得高兴，但也应认识到居功自傲会成为前进的障碍。学会适时收敛锋芒，才不会让我们迷失在成就中停滞不前，甚至招致麻烦。

功成身退，是在为新的起点和循环腾出空间，也是让生活更加自如的一种智慧。

第四节

有求乃苦，无欲则刚

老子在《道德经》中还说：“见素抱朴，少私寡欲，绝学无忧。”学会克制欲望、放下欲望，有助于心灵回归宁静与和谐。

清末著名政治家林则徐，在担任两广总督期间，在总督府衙写下这样一副楹联：“海纳百川有容乃大；壁立千仞无欲则刚。”大海能够容纳成百上千条河流，是因为它的宽广胸怀；山峰之所以能巍然屹立，是因为它无欲则刚。

一个人欲望越多，就越是难以满足。欲壑难填者，往往容易迷失自我，终致欲念成灾，误入歧途，甚至失去原本所拥有的。

有一个沿街乞讨的乞丐，他日思夜想，希望自己能有两万元，这样他就能找到一个舒适的地方好好睡一觉，再享受一顿美味的大餐。

有一天，他在街上捡到了一只小狗，见周边没人，便将小狗带回自己的住处拴了起来。

没多久，他在街上看到了一则寻狗启事，正是自己捡到的那只小狗，上面承诺：如有拾到者请速归还，愿付酬金两万元。

乞丐见此欣喜若狂，第二天他便带着小狗去找狗主人了。途中，他再次看到寻狗启事，酬金已提升至三万元。

乞丐心想，如果狗主人继续找不到小狗，酬金是否还会继续上涨？有了这个念头，他决定再次将小狗带回住处。

果不其然，酬金逐日递增，在第六天已高达20万元。他兴冲冲地回去抱起小狗，却发现这只价值20万元的小狗已经饿死在他的住处，最终他仍旧一无所有。

欲望的本质是对更多、更好事物的向往，这种向往既可能体现在物质上，如财富、权势、地位等，也可能体现在精神上，如别人的赞美和认可。

欲望就像弹簧，适度的欲望可以成为我们追求卓越的动力，但若不加以适当的控制和管理，它就会变成伤害自己和他人的利刃。

在日常生活中，人们可能已经拥有很多美好的事物，但因为欲望的驱使，总是在追求更好的东西。于是，在达成一个目标后，便不再满足于现状，转而追求更高的目标，如此循环往复。

例如，拥有美满家庭的人，还渴望名车豪宅；拥有名车豪宅的人，又希望爱情更美满、家产更丰厚。他们不会因为现有的幸福而感到开心，反而会为了追求更完美的生活而感到苦恼。

无尽的欲望就像一个无法被填满的黑洞，它驱使人们不断追逐，却似乎永远无法逃出去。这种追逐会将人引入无休止的比较和竞争之中，让人难以自拔。当欲望得不到满足，失望、焦虑、不安和痛苦等负面情绪便会随之而来。

生命中的大部分痛苦，往往源于我们所渴求的超过了我们所能实现的。只有学会克制和约束自己的欲望，我们才能从无尽的欲求中解脱出来，从而增强我们的幸福感。正如《道德经》所言："知足不辱，知止不殆。"不贪图过多，懂得满足和适可而止，就能避免屈辱和伤害。

春秋时期的鲁国宰相公孙仪，以酷爱食鱼而闻名。由于他身居高位，常有人为了讨好他，送上珍贵的鱼。然而，公孙仪从未接受过这些馈赠。

他的弟子对此很疑惑，便问公孙仪："鱼并非珍稀之物，为什么不接受他人诚心的馈赠呢？"

公孙仪说："那些送鱼给我的人都希望我为他们办事。我若是收下他们送来的鱼，即便未做任何事，心中也会有负担。可是如果帮他们办事，许多事情将违背法规。徇私舞弊，最终我将丢官失禄，到时候再想吃鱼，估计也不行了。”

一个能够克制住自己欲望的人，才能真正守住名利。克制欲望不仅是行为上的约束，更是精神上的自律。这要求我们保持清醒的头脑，审慎地判断自己的欲望，认清自己真正的需求，而不是被外界的诱惑和虚妄的追求左右。

当你静下心来，深入思考内心的需求时，你会发现，那些能带来长期幸福感的事物，并非源于物质条件的堆砌，而是源于内心的价值观、情感需求和自我认同。对于物质享受，我们有着极强的适应性。例如，新购的物品带来的短暂快乐过后，它很快就会变得平常，不再能激起我们的情绪。

叔本华曾说：“生命是一团欲望，未得满足便痛苦，满足则无聊，人生就在痛苦和无聊之间摇摆。”有求皆苦，人生无须贪多求全。懂得删繁就简，体验简单而充实的快乐，这才是真正的幸福所在。

第五节

真正的强大不是对抗，而是接纳

无论遭遇何种挑战，坦然面对并顺应时势，才是真正的强大。人生的智慧在于辨识哪些是可控制的，哪些是不可控制的。对于那些不可控制的因素，如出身、天资等，我们应坦然接受，并只追求与自身能力相匹配的目标。这样，我们就能减少内心的矛盾和冲突，过上自在而随性的生活。

唐代文学家陆龟蒙自幼才华横溢，却屡次应试不中。有一年，考试中他直接病倒在考场上，被人抬了出去。后来，友人劝他来年再考，他自己则表示继续考试可能连命都搭上。回到家中，陆龟蒙深思熟虑后，决定放弃科举，转而安心务农。面对旁人的嘲笑，他却说："尧舜霉瘠，禹胼胝；吾一布衣，敢不勤乎？"

后来，陆龟蒙根据自己的农耕经验，撰写了一部《耒耜经》，详细记录了各种农耕用具的使用方法，他认为这些实际的农业知识比吟诗作赋更有价值。周围的农民也常向他请教农事，他成了一位杰出的农学家。

在他的诗作《小雪后书事》中，有这样一句："邻翁意绪相安慰，多说明年是稔年。"诗中表达了对来年丰收的美好期许，展现了一位农民平和而宁静的心态。他放下了对名利的追逐，也放过了自己。

《庄子》中提到："知其不可奈何而安之若命，德之至也。"庄子认为，人这一生会遇到许多难以改变的事情，如果能够以平和的心态去面对这些事情，顺应自然、接受现实，就能达到内心的平静和安宁。

真正的强大不是对抗，而是允许发生。允许遗憾、愚蠢、丑恶、虚伪，允许付出没有回报。当你学会允许这一切之后，你将逐渐变成一个柔软、放松、舒展的人。

不与生活对抗，意味着要学会放下批判，感恩一切。只有将痛苦和怨恨抛诸脑后，我们才能走出悲伤的囚笼，迈向全新的生活。

南非前总统纳尔逊·曼德拉，在长达 27 年的监禁期间遭受了严格的管控。然而，在他重获自由并成为国家领导人后，他邀请了所在监狱的三名狱卒出席他的就职典礼，并向他们表达敬意。这一非凡的举动震惊了全世界。

他曾说："当我踏出囚室，穿过通往自由的监狱大门时，我明白，如果不能将痛苦和怨恨抛诸脑后，那么我仍旧身陷囹圄。"

生活中很多事情就像手中的沙子，无论我们如何紧握，它们总会从指缝间溜走，成为我们无法掌控的变数。然而，正是这些变数塑造了我们的坚韧与智慧，教会我们在风雨中翩翩起舞，而不是被风雨吞没。

作家林清玄曾说："人生的进程本来就是随缘随机的，有高潮起伏的时刻，也有平淡平凡的时刻。重要的不是面对什么样的时刻，而是能不能随喜随心。"当我们不再抗拒那些不可避免的现实时，我们就能节省精力，创造出更加丰富多彩的生活。生命中最强大的力量不在于抵抗，而在于接受。接受突如其来的高潮，也接受无法避免的低谷。只要我们以一种平和的心态面对所有的困难，那么一切终将使我们如愿以偿。

或许，生活中那些我们无法躲避、必须面对的挑战，只是想告诉我们：承担我们应承担的，放下我们应放下的，不必与生活硬碰硬。当我们学会放下、学会释怀，我们会发现，这些挑战似乎不再那么沉重。此时，我们的内心是平静的，是坦然的，也是充实的。

不与生活对抗，转变心态至关重要。当我们用烦躁的心态看世界，会感到处处是绝境；而当我们以轻松的心态看世界，会发现处处是希望。只要心灵不感到苦涩，快乐自然会充满我们的生活。

第九章

圆融：
广结善缘，得道者多助

第一节

与人为善是处世魔法

曾子曾说："人而好善，福虽未至，祸其远矣。"与人为善，即便福气未到，也能使自己远离祸患。

正所谓"爱人者，人恒爱之"。那些释放善意的人，也会收获他人的爱与善意。

杨绛写过一篇名为《老王》的散文，其中的主人公老王是杨绛夫妇的一位好友。

老王是一位三轮车夫，他的一只眼睛视力受损，每天依靠拉车的微薄收入维持生计。在他的哥哥去世后，老王只能与两个侄子相依为命。由于视力问题，他的拉车生意并不兴隆，很多乘客都不愿乘坐他的三轮车。

杨绛夫妇长期在经济上帮助老王，支持他的生意；老王对杨绛夫妇也格外亲厚，送去的冰量大一倍，价钱不变，送钱先生看病主动提出不要车钱，甚至他在去世的前一天，还拖着病体，带着那个时代极为珍贵的香油和鸡蛋，拜访了杨绛夫妇。

善良，源于对他人的深切关怀。老王，这位生活在社会底层的三轮车夫，用他的行动诠释了善良的真谛。尽管生活困苦，他却始终保持着对杨绛夫妇的深切关怀。他的每一次探望，每一次帮助，都是出于内心的善良。这种善良没有华丽的辞藻修饰，却如同一股暖流，温暖着人心。在与人为善的过程中，老王也收获了尊重与爱戴，这正是善良给予他的最好回馈。

善欲人见，并非真善。若是为了获得外界的名利而刻意宣扬自己的善行，那么这并非真正的善举。

老子在《道德经》中提到“善行无辙迹”，真正的善行是静默无闻的，不会广为人知，它悄然无声，却能润物细无声。莎士比亚也说过：“慈悲不是出于勉强，它像甘露一样从天降下尘世，它不仅给幸福于受施的人，也同样给幸福于施予的人。”

每一次随手释放的善意，也许都会在不经意间为自己埋下惊喜与好运的种子。

春秋时期，晋国的赵盾在翳桑遇到快要饿晕了的灵辄。得知他已经三天没吃东西了，赵盾毫不犹豫地拿出随身携带的食物递给他。灵辄接过食物，狼吞虎咽地吃了一半，突然停下。赵盾十分诧异，灵辄含泪道：“我离家三年未归，不知母亲是否尚在，想留些食物给她。”赵盾深受感动，让他吃完剩余食物，又赠一篮饭和肉，让其带回家中。

数年后，晋灵公设宴，在宫中埋伏了众多甲士，要在赵盾赴宴时将其杀害。赵盾寡不敌众，危急时刻，一名甲士突然倒戈，助赵盾脱险。赵盾问其缘由，对方答：“我就是当年在翳桑快要饿死的那个人。”赵盾再问姓名住处，此人不告而别，随后自己也逃亡了。

人们常说：“赠人玫瑰，手有余香。”给予他人玫瑰，自己手中也会留存长久的花香。当我们向处于困境中的人伸出援手，不仅能给予他们巨大的温暖，同时也在无形中帮助了自己。例如，在职场中，通过协助同事解决问题，我们能够拓展社交圈并锻炼个人能力；在日常生活中，帮助邻里可以赢得他们的喜爱和尊重，促进邻里和睦共处，营造充满温情的氛围。

企业运营亦深谙此道，许多公司会通过开展公益活动、捐赠资金等方式向社会传递善意。这不仅提升了企业的社会形象，还赢得了消费者的认可，进而增强了自身的市场竞争力。

这种现象在心理学上被称为“互惠效应”。研究发现，在人际交往中，人们普遍遵循互惠原则，当一个人从他人那里获得帮助或利益的时候，往往会感到自己有回报对方的义务，以保持人际关系的平衡。

正如收到礼物后，我们会想要回赠等值的礼物一样，善意也是如此。在人际交往中，以善意待人，往往也会收获相应的回报。当然，这种回报不一定是物质上的，它也可能影响我们的内心想法和精神世界。

例如，帮助他人后，我们常常会感到快乐，这是因为帮助别人能够让我们的内心产生自我认同感，觉得自己是一位善良且有价值的人。这种积极的自我评价会带来愉悦和快乐的情绪，而快乐本身就是善良给予我们的一种回报。

“行善如春园之草，不见其长，日有所增。”善意的行为可能不会立即显现效果，但是日积月累，总会在未来的某个时刻带来意想不到的好运和惊喜。多行善事，实际上是在为自己的幸运账户存入资本。

作家马克·吐温曾说：“善良是世界上通用的语言，它可以使盲人‘看到’、聋人‘听到’。”人与人交往中不缺圆滑世故，缺少的是温柔善良的关怀。如果想在人际交往中收获丰富的友谊和爱，那么在日常生活中，就应先一步给予他人充足的善意。

心怀善意的人会产生善行，善行会让人们更愿意与之亲近，那么他的社交圈和运势也会逐渐积累起来。

因此，为人处世应当心怀善意，与善同行。

第二节

给他人留点面子

曾国藩曾说："予人一分面子，人必予两分面子。伤人一分面子，人必损十分面子。为人处世，面子不可不慎。"

善于给人留面子，实则是深谙人际交往的黄金法则，蕴含着丰富的社交智慧。从心理学角度看，每个人都有维护自我形象、渴望被尊重的心理需求，面子正是这种需求的直观体现。例如，朋友犯小错，若私下温和提醒，既维护了他的面子，又能让其欣然接受建议。

北宋时，欧阳修与宋祁同修《新唐书》。宋祁文风古奥，喜用冷僻字词，所撰部分文辞艰涩难懂。欧阳修素来主张文风平易晓畅，见此情形，欲劝其改之，却不愿直言伤其颜面。

一日，他在宋祁的墙壁上大书八字："宵寐匪贞，札闼洪休。"宋祁见了，笑道："这不就是'夜梦不祥，题门大吉'的意思嘛，何必如此刻意求异呢？"欧阳修说："您在《李靖传》里写的'震雷无暇掩聪'，用的就是这种文风啊。"

宋祁听后，恍然大悟，既为欧阳修的幽默风趣所折服，也意识到自己用词过于晦涩。此后，他逐渐改变文风，力求平实易懂。

欧阳修以这种委婉幽默的方式提醒宋祁，既给足了对方面子，又巧妙地解决了问题，成就了一段文坛佳话。

面子，承载着一个人的尊严、荣誉和自我价值感。人们普遍重视面子，从心理学角度分析，人的内心存在一种自我保护机制，当自己的面子受到威胁时，会本能地产生抵触情绪，甚至做出过激的报复行为。

因此，在社交活动中，如果不给他人适当地留面子，很容易将朋友变成敌人，将同路人变成陌路人。

特别是在职场中，同事间难免有意见不合的时候，如果我们总是表现得过于直接和强势，不给对方留有余地，那么很可能让对方感到尴尬和不满。这不仅会妨碍团队合作，影响工作的顺利进行，还可能导致对方记恨在心，暗中给你制造障碍，影响你的职业发展。

即使我们对同事或领导的观点持有异议，也应该选择适当的时机和方式表达，没有必要在公共场合直言不讳，以免伤害对方的面子，让对方难堪。

每个人都有自尊心，尤其是犯了错误的人，其自尊心更为敏感。一旦受到伤害，内心的情感波动会更加剧烈。有人曾说："我无权去做任何伤害他人自尊的事。重要的并不是我认为他如何，而是他认为自己怎样，伤害别人的自尊等于犯罪。"

对于犯了错误的人，我们也应当给他们留点面子。

安娜·马佐尼是卡内基培训班的一位学员，她在食品包装行业做市场营销工作。初入此行时，她负责了一项新产品的市场调研。然而，在调研结束后，她意识到自己在执行过程中犯了一个非常大的错误，导致整个测试不得不重新进行。在重新开始之前，她必须向老板汇报情况。

在向老板汇报情况的会议上，安娜内心充满恐惧，几乎要落泪。她坦白道："我犯了一个错误，因此必须重做，但是在下次会议前，我一定会把它做好。"说完后，她紧张地等着批评。出乎意料的是，老板并没有批评她，反而给予了安慰。

老板对她说："在初次尝试中犯错误很正常，我相信你下次会做好。"会议结束后，安娜·马佐尼深受感动，并决心要努力工作，回馈老板对她的期望。

如果我们能够在别人犯错时，花一两分钟深思熟虑，以委婉的方式指出错误，或是说一两句体谅的话，就可以减少对别人的伤害，保全别人的面子。这样的做法还能让他们感受到我们的善意和尊重，从而更愿意主动改正错误，并与我们保持良好的关系。

富兰克林曾说:“保留他人的面子和自尊，是人际交往的底线。”即便是关系亲密的人，也须注意交往的界限。如果对方有尴尬难言的事情，在提出的时候，应避免过于直接，可以通过引导和提醒，以达到良好的沟通效果。

例如，诗人柳亚子善吟诗作文，受人称赞，但是他的书法略微潦草，很多字迹难以辨认。他的好友辛壶在指出这一点时，巧妙地说“意到笔不到”。这种含蓄风趣的表达方式既让柳亚子明白了他的意思，又避免让对方感到尴尬，防止了对话陷入僵局。

所谓的高情商，就是始终记得在交往中为彼此保留一份尊严，即便有理也退让三分，直言也保留三尺。给别人面子，实际上也是在为自己铺设友谊之路。

第三节

处处为人设想的人，必然受人尊重

《格言联璧》有云："谋人事如己事，而后虑之也审。"这句话的意思是，对待别人的事情应如同对待自己的事情一样，这样我们的考虑便会更加周全。

能够换位思考，想他人之所想，急他人之所急，这体现了一种高尚的修养。

民间流传着这样一则故事。

郑板桥以画墨竹闻名，但知晓他笔下的梅花同样卓越者寥寥无几。仕途不顺时，他曾在苏州开了一间画铺。

在郑板桥画铺不远的地方，有位叫吕子敬的画家也经营着一家画铺。吕子敬以画梅花见长，对自己的作品充满自信。郑板桥得知吕子敬生活困顿后，心生怜悯，于是决定避免画梅花，以免与他竞争。

后来，有人请郑板桥画梅花，他不仅婉拒，还向人推荐吕子敬，并称赞他的技艺。慢慢地，吕子敬的生意好了起来，生活也有了改善。

数年后，郑板桥即将离开苏州，很多人前来送别，并互赠礼物。吕子敬送给郑板桥一幅梅花图，郑板桥也回赠了他一幅。吕子敬被郑板桥画中梅花的意境震撼，他恍然大悟："原来郑兄不画梅花，是为了给我留一条生路。"

一个人在有能力时仍能不忘“给别人留口饭吃”，最能彰显其为他人着想的品质。

同情与善良是人性中最柔软的部分，正如孟子所说“仁者爱人”。我们在追求个人成就的同时，也应关注他人的境遇。给别人留一口饭吃，是对人性的深刻理解，是对他人尊严的尊重，也是最高层次的善良。

为他人着想，还意味着我们要关注别人的需求。如果我们能从他人的角度出发，关心他人的需求和感受，并在了解这些需求和期望后，主动提供帮助和支持，那么我们就能赢得他人的尊重和信任，使我们的沟通和合作更加顺畅。

有一年，拿破仑·希尔想要招聘一位秘书。广告一经发布，应聘的信件便大量涌来。这些信件中的内容大同小异：“我看到了您招聘秘书的广告，希望能够获得这个职位。如果我有幸被您选中，一定认真工作。”

拿破仑·希尔犹豫不决时，看到了这样一封信：“尊敬的先生：您的招聘广告想必已经吸引了众多求职者的目光，而我理解您必定事务繁忙，难以一一细读。因此，您只需要拨一下这个电话，我很乐意过来帮您整理信件，以节省您宝贵的时间。您不必质疑我的工作能力，因为我已经有了15年的秘书工作经验……”

拿破仑·希尔就此认定，这位女士正是他要找的秘书。他还说过：“懂得换位思考，能真正站在他人的立场上看待问题、考虑问题，并能切实帮助他人解决问题，这个世界就是你的。”

不论你有何种请求或计划，在开始之前，请先试着问一下自己：“如果我是他，会有什么样的感受和反应？我希望别人怎么做？”

特别是在你想要纠正某人的思想或行为时，直接的责备可能会适得其反。如果你尝试去理解对方，他心中的抵触和戒备就会大大减少，变得更为温柔、包容，也更愿意向你敞开心扉，并尊重和接受你的意见。

《进入别人的内心世界》一书中提到："把别人的观念和感觉与自己的观念和感觉置于相同的位置，并把它表现出来，这样，谈话的气氛就会融洽起来。"设身处地从他人的角度思考问题，虽然可能需要花费一些时间，但这将使你在实现目标的过程中减少许多摩擦和困难，并显著改善你的人际关系。

真正的体谅，并不是自以为是地一味付出，而是以一种让他人感到舒适的方式表达关心，并提供帮助。许多时候，人们出于好意的行为，却可能无意中伤害了别人的自尊心，毕竟没有人愿意在他人面前暴露自己的尴尬与难堪。

作家契诃夫曾说："有教养不是吃饭不撒汤，而是别人撒汤的时候不去看他。"能够对他人的窘迫与难堪视而不见，也是对对方的一种帮助和保护。

一个人的教养往往在细节中体现，它能让人赢得尊重。而时刻替他人着想，便是最高级的教养。

第四节

满怀利人之心，你不会吃任何亏

稻盛和夫曾说："利己则生，利他则久，利他是一种高级的利己。"当你为他人搭建桥梁，无论大小，这些善举最终都会转化为你的福报。

在实践利他行为的过程中，个人将收获更多的美好与幸福。

有人曾分享了这样一个发人深省的小故事。

一位年轻人向长老提问："天堂与地狱有何不同？"

长老回答："天堂与地狱都有一口相同的面锅，人们手中都持有一双长筷子。区别在于，地狱中的人只顾自己吃，可筷子太长，他们无法将食物送入口中，而天堂的人们总是先将食物喂给他人，结果每个人都吃得很满足。"

我们对待他人的态度，决定了我们是身处天堂还是地狱。当我们以满怀利人之心行事，愿意伸出援手，为他人着想，我们便能体验到天堂般的和谐与满足。反之，如果我们只图私利，不顾他人，最终只会陷入孤立无援的地狱之境。利他，不仅是对他人的善意，更是对自己心灵的滋养。

稻盛和夫在《心》一书中分享了自己的人生经历。在京瓷公司成立三年后，有员工要求加薪，否则便要辞职。这让他开始质疑自己当初创办公司的决定是否正确。

经过深思熟虑，他意识到公司的存在不仅是为了实现自己的梦想，还应该保障员工的生活质量，让他们的人生变得更加幸福。

当他把实现全体员工的幸福当作企业的核心理念后，京瓷公司得到了飞速的发展。

当企业经营者摒弃私心，将经营目标从“利己”转变为“利他”，公司也将经历质的飞跃。

员工会与经营者之间将产生强烈的共鸣，他们会将企业事务视为自己的事业去经营。当所有员工都持有这样的想法去工作，企业的成功几乎是可以预见的。

2010年，拥有超过半个世纪历史的日本航空公司申请破产保护。当时的首相亲自拜访了时年78岁的稻盛和夫，恳请他出面拯救这家航空巨头。

面对公司即将破产的窘境，稻盛和夫首先考虑的是员工和客户的利益。在那段艰难的时期，他经常与员工同吃同住，不仅提高了他们的薪资，还鼓舞了士气，给予他们最好的待遇。当员工的士气高涨时，又告诉他们要关注每一位客户的感受。为此，他亲自前往服务一线，面带微笑，以最热情的态度服务客户，并努力改善设施，致力于提升客户的舒适体验。

正是在这一系列“利他”行动的推动下，日本航空公司仅用一年多的时间就实现了扭亏为盈，稻盛和夫也因此被誉为“经营之神”。

处处为他人着想，不仅能使事情顺利进行，还能让自己的内心变得平和与充实。因为以利他为出发点的行为，最终会以利己的形式回馈到自己身上。

稻盛和夫认为，通过关注并尽力满足他人的需求，一个人可以培养出同理心、善良和协作能力。这些个人品质不仅能够提升社交技巧，而且对促成良好的人际关系大有裨益。

为他人服务还能让人获得持久的成就感和满足感，从而最大程度地实现自我价值。正如稻盛和夫所说：“人只要抱利他之心，行利他之事，命运自然就会好转。”他有这样一个观点，只有当个人利益和他人利益达到平衡时，真正的幸福才会到来。

在日常生活中，利他主义可以分为三个层次。

第一个层次是本能利他，即出于本能愿意为别人做些事情。例如，看到流浪的小动物愿意给予它们食物，看到迷路的孩子会主动送他们回家等。这是出自本能的利他行为，不需要太多思考就能做到。

第二个层次是有意利他，即通过有意识地修炼而形成的利他行为。尽管每个人天生都有利己之心，但有些人能够意识到，过度的利己主义对个人成长有害。因此，他们有意识地修炼自己，努力克服过度的利己之心，经常做出利他之举。这样的人在人际交往中往往很受欢迎，他们的付出能被他人感知，并认为他们值得信任和交往。

第三个层次是自然利他，这是经过刻意修炼后达到的境界，不再有自利之心，行为自然圆融，能够无声地帮助他人，与之相处令人感到非常舒适。

从本能到刻意，再到自然，利他思维的三重境界，每一层都需要不断地修炼、觉察和感悟。

第五节

宁舍身家，不近恶友

贾岛曾云：“君子忌苟合，择交如求师。”这句话教导我们交友应像拜师一样慎重，反对随意附和他人。

正所谓“近朱者赤，近墨者黑”，经常与正直善良的人为伴，我们自身也会逐渐向善。反之，与不良之友交往，可能会使我们陷入困境。

胡适在上海求学期间，由于新公学解散了，加之其家族已经衰落，他无奈留在上海，一时间感到非常迷茫。

当时，胡适的室友何德梅酷爱打麻将与喝酒，经常邀请朋友在其住所聚会。胡适受其影响，也逐渐沉溺于这些消遣之中，变得不求上进。在自传中，胡适提到，仅仅两个月的时间，他就从有抱负的青年堕落成了一个沉迷于各种恶习的人。

看着胡适这样堕落，他的好友许怡荪非常忧虑。他意识到环境对胡适的影响，极力劝说他搬离那个环境，鼓励他参加留美考试。

胡适没有辜负好友的期望，顺利获得了留学美国的资格。然而，到了美国之后，由于压力巨大，他又染上了抽烟的恶习。许怡荪在与胡适的通信中，几乎每封信中都包含着劝诫，如“举措之宜，不可不慎”和“莫走错路”等。

胡适对朋友们的鼓励和提醒十分感念，他决心改过自新，专心学习。后来，他终于成了一代文学大家。

曾国藩曾说："一生之成败，皆关乎朋友之贤否，不可不慎也。"人受环境影响，周围的人会逐渐塑造我们的思想、视野和行为方式。选择与什么样的人为伍，往往预示着一个人的未来。

在与人交往时，我们应提升自己的辨别能力，分清善恶。亲近益友、远离恶友，这样我们才能不断让自己有所提升。

孔子在《论语》中提到："益者三友，损者三友。友直，友谅，友多闻，益矣。友便辟，友善柔，友便佞，损矣。"意思是说益友有三种；恶友也有三种。与正直、诚信、博学多闻的人交朋友是有益的；而与谄媚逢迎、两面三刀、巧言令色的人交朋友则是有害的。

"友直者，如镜照己身，可正其身。"正直的朋友就像一面镜子，能帮助我们看清自身的不足。

> 三国时期，东吴名将吕岱身居高位、手握重权。平日里，吕岱一旦有过错，作为好友的徐原从不因他是高官就有所顾忌，而是当面直言不讳地指出，有时批评起来还相当严厉。
>
> 旁人见状，常在背后笑话吕岱。但吕岱却不以为意，感慨道："徐原就像我的一面镜子，有他在，我才能看清自身不足。他直言相告，是真心盼我好，帮我修正过错呀！"
>
> 后来徐原去世，吕岱悲痛不已，哭着说："以后再无人如他这般，直言指出我的过失了。"

人生中所作所为，并非总是正确无误。那些阿谀奉承者会无限放大我们的优点，却对我们的错误视而不见。然而，只听信这些人的言论，会使我们变得狂妄自大。如果在我们犯错或偏离正道时，有朋友能够挺身而出，坦诚相告，那真是莫大的幸运。

正如《珍珠船》中所言："谁云结交易，结交苦不深。结金罕结义，结面难结心。"人心难测，许多人只在顺境时是朋友，在逆境时却成了陌路人。结交一位真心相待的朋友，实属不易。

真正的友谊应建立在"同道"而非"同利"之上。那些以利益为基础结交的人，一旦利益消失，关系便疏远了。与这样的朋友交往，虽然表面上看似亲密无间，实际上朋友关系却虚伪多变，难以经受时间的考验。而那些基于互相理解、思想一致而结交的朋友，虽然情感看似平淡，却能志同道合，相互扶持，始终如一。这正如《庄子》中所言："君子之交淡若水，小人之交甘若醴。君子淡以亲，小人甘以绝。"

与良友相伴，重视道德和义气，轻视名利，先淡后浓，先疏后亲，这便是交友之道。

第十章

宽心：胸有乾坤，心怀坦荡

第一节

容人之过，懂得学会原谅

越是能够宽恕他人的人，越是能展现出智慧的光辉。在自己的能力范围之内，对那些可以宽恕的事情给予原谅，这不仅体现了宽容的风度，也是个人成长的体现。

宋代诗人林逋在《省心录》中提到："和以处众，宽以接下，恕以待人，君子人也。"意思是说与众人能够和睦相处，对下属宽容相待，对别人懂得谅解和宽恕，这才是君子的为人之道。

北宋名将韩琦，在大名府任职的时候，得到了两只珍贵的玉盏，他甚为喜爱。一次宴请漕使时，韩琦特意准备了一桌佳肴，铺上了精美的绸缎，并将玉盏放在上面，准备用来向在座的宾客敬酒。然而，一名仆从不慎将玉盏打碎。

在场众人皆感惊愕，仆从更是紧张地跪在地上等待发落。然而，韩琦却平静地对仆从说："东西都有破损的时候。你并非故意，不用承担什么罪责，起来吧。"这一宽容之举让在场的宾客无不赞叹。

后来，韩琦在定州掌管军政事务，有一次在夜间起草紧急公文，让一名侍卫手持蜡烛为他照明。侍卫因困倦而分神，蜡烛倾斜烧到了韩琦的鬓角。韩琦迅速扑灭火焰，继续撰写信件。当他回头时，发现之前的侍卫已经被换掉了。

他叫来侍卫队长，对他说："将他找回来，他已经学会如何持烛不烧到人了。"军中众人听说他这样包容手下，都对韩琦的宽容大度感到钦佩，整个军队的士气也因此大为提升。

真正有智慧的人，既不斤斤计较，也不争强好胜，而是善于宽恕别人的过失，给对方改过自新的机会。

《论语》中记载，仲弓向孔子请教治国理政之道，他回答："先有司，赦小过，举贤才。"孔子认为，治国理政可以严格，但要学会宽恕别人的小过错，不能揪着别人的小过失不放。

宽恕他人，不仅能够促进自己与他人和睦相处，还能将敌意转化为恩情，为自己播下善意的种子。

汉代有位名叫公孙弘的人，他年轻时家境贫寒，即便后来荣升御史大夫仍然保持着朴素的生活方式。一天，大臣汲黯向汉武帝进言，指出公孙弘身为国家重臣，享有丰厚的俸禄，却仍旧只用普通的棉被睡觉，饮食也极为简单，认为这不过是故作姿态，以求得廉洁之名。

汉武帝就此询问公孙弘，公孙弘坦诚回应："在所有大臣中，汲黯与我的关系最好，也最了解我的为人。他今天当众指责我的话没有错。我身为宰相，生活水平却和普通百姓一样，这确实可能被视为刻意标榜清廉。若非汲黯对陛下忠心，您又怎会听到对我的这种批评呢？"

汉武帝听完，见公孙弘心怀坦荡，既不辩解也不抱怨，反而对指责自己的人多有赞赏，认为他确实胸怀宽广。此后，汉武帝对公孙弘更加器重了。

常言道："不经他人苦，莫劝他人善。"然而，如果我们始终无法释怀他人的过失，实际上是在内心不断重复自己曾经遭受的伤害，这只会让痛苦放大数倍。执着于别人的过错，无异于用别人的过错来惩罚自己。宽恕别人，其实也是在放过自己。

此外，冤冤相报何时了？相互计较，相互伤害，只会让痛苦无休止地延续。唯有宽恕，才能让一切终结，这对双方都是有益的。

生活中，层次越低的人越容易与人斤斤计较。例如，当一个人连基本的温饱都难以保障时，别人不慎踩坏他的一双鞋子，都可能打破他的容忍限度；而当一个人生活富足时，即便同样的事情发生，他往往也能一笑置之。

颇有成就的人士往往不会过分关注他人微小的过失。即便我们尚未成功，也应磨炼自己的个性，尝试宽以待人。总是与人计较，只会使自己陷入恶性循环，离成功越来越远。

宽恕他人，或许意味着我们会失去一些利益，但与之相比，我们从中获得的成长要多得多。例如，第一次尝试宽恕时，我们可能非常不情愿，需要极大的努力来控制自己的负面情绪；但随着次数的增加，第二次、第三次，长此以往，我们就能够自然而然地不再对别人的过错感到愤怒。

这意味着在面对任何情况时，我们都能更好地控制自己的情绪，以更加理性的态度做出最正确的决定。在不断宽恕别人的过程中，我们也会逐渐成长为更加理性、成熟、睿智的个体。

第二节

有虚怀若谷的胸襟

拥有开放心态的人，既听得进忠告，也容得下批评，从而不断进步。

《盐铁论》中有言：“多见者博，多闻者知，拒谏者塞，专己者孤。”意思是说广泛接触并倾听他人意见的人，能够获得更丰富的知识和智慧。反之，拒绝接受他人建议的人，会变得视野狭窄。那些独断专行的人，最终会陷入孤立无援的境地。这段话启示我们，应当虚心接受他人的意见，广纳良言。

贞观六年，文武百官奏请唐太宗李世民举行封禅大典。封禅是帝王亲自前往泰山祭祀天地的庄严仪式，备受君臣重视。李世民在群臣的劝说下，本已打算同意，但是魏徵坚持认为封禅并不合适。

李世民问他：“你反对朕封禅，是因为朕的功劳不够显赫吗？”魏徵回答：“陛下功绩卓著。”

李世民又问：“是因为朕的德行不够吗？”魏徵说：“陛下德行深厚。”

接着，李世民又接连提出了几个他认为封禅不妥的原因，魏徵一一否决。李世民不解：“那你为什么不同意呢？”

在李世民的追问下，魏徵平静地解释道：“陛下虽已满足封禅的条件，但是天下刚刚从隋末的动乱中恢复过来，人口尚未完全恢复，国库也并不充盈。陛下东巡泰山，需要大量兵马随行，仅他们的日常开销就很巨大。况且封禅路途遥远，即使陛下赏赐丰厚，也难以让每个人满意，再多免除几年的徭役赋税也不一定能补偿百姓的劳苦。陛下追求虚名却无实际利益，为什么一定要去封禅呢？”

李世民无言以对，经过深思熟虑，他决定放弃封禅，并且在余生中再也没有提起过。

唐太宗李世民始终铭记魏徵的忠告：兼听则明，偏信则暗。他治国的首要原则就是虚怀纳谏，广开言路。他曾说：“以铜为鉴，可正衣冠；以古为鉴，可知兴替；以人为鉴，可明得失。”由于他善于接受建议，在位期间政治清明、文化繁荣，历史上称此为“贞观之治”。

在日常生活中，人们喜欢听赞美之词，而对批评极其反感，因为赞美能带来愉悦，而批评则可能引起不适。

当一个人内心缺乏足够的自我肯定，他在面对任何人的批评或意见时，往往会觉得对方是在故意质疑自己，这会触发他的防御本能。因此，在接受意见的第一时间，他不是去思考对方的观点是否正确或有用，而是考虑如何反驳及对抗，以保护自己的观点不被推翻，避免自我价值和自尊受到损害。

一个人对反对意见的抵触，还源于对改变和不确定性的恐惧。因为接受别人的意见意味着要改变，而改变通常伴随着面对未知的风险。人们通常害怕改变可能带来的负面后果，比如失去现有的地位和威望。

因此，即使知道他人的意见在某种程度上是正确的，知道批评能够帮助自己在决策时保持清醒和理智，但是听取并采纳不同的意见，没有足够宽广的胸怀确实很难做到。即便是像唐太宗李世民这样的明君，也会有因别人的直言进谏而感到愤怒的时候。

有一次，魏徵在朝堂上毫不留情地批评李世民，李世民下朝后非常生气，对长孙皇后说道：“早晚有一天，我要找个机会杀了魏徵这个家伙！他今天又在朝堂上让我颜面尽失！”长孙皇后听闻，明白是魏徵的直言进谏激怒了他，于是她回到屋中换上正式的皇后朝服，跪地向李世民表示祝贺。

李世民不解地问：“皇后，你这是做什么？”长孙皇后笑着说：“陛下，我听说只有君主开明，臣子才会正直。今天魏徵敢于直言进谏，这说明您是位开明的皇帝，我怎能不恭贺您呢？”听到这番话，李世民转怒为喜。

人的认识总是有局限性的，这会导致观点和行为上的偏差。而别人对我们提出的不同意见，正好可以帮助我们弥补因认识不足而产生的观点和行为上的漏洞。

如果想要变得更好，就需要先放下偏见，不管意见是来自朋友还是对手，都一视同仁，这样才能真正做到集思广益，避免偏听偏信。在听取意见时，不必急着回应和反驳，可以给自己一些时间和耐心去倾听、思考别人所说的话，告诉自己：“这个意见或许有用，我应该用它来帮助自己进步。”

当然，听取别人的意见并不意味着是非不分。接受意见需要智慧，要能够辨别哪些是真诚的建议，哪些是奉承之词。在分析和评判是非对错后，去其糟粕、取其精华，才能充分地利用别人的意见来帮助我们成就更好的自己。

第三节

推功揽过，成大事者必备的气度

《菜根谭》中提到：“当与人同过，不当与人同功，同功则相忌；可与人共患难，不可与人共安乐，安乐则相仇。”有智慧的人深知成功背后团队协作的重要性，善于将功劳归于他人，将过错揽于己身。

“推功”意味着将个人的功劳送给别人，而“揽过”则是指主动承担他人的错误。这种推功揽过的行为不仅体现了高尚的品德，也是一种智慧的处世之道。恰当地运用这一原则，能够赢得别人的信任和尊重，使他们心甘情愿地与我们并肩作战。

《三国演义》中记载了这样的故事。

关羽败走麦城后，孙权夺回荆州并设宴庆功，犒赏三军。宴席上，孙权让大将军吕蒙坐在上座，并对众将士说：“荆州久攻不下，今天能够成功收复，全赖吕蒙大将军和众位将士之功。”孙权把胜利归功于大家，使在场的每个人都深受感动。

后来，孙权和曹操手下的大将张辽交战失利后，面对士气低落的大军，孙权诚恳地说：“这次失败全因我轻敌所致，今后我定当改正。”

与孙权形成鲜明对比的是袁绍。袁绍出自名门望族，一度在中原的势力非常强大。在一次胜仗后，他当众夸耀自己的智谋，声称当日之战能够获胜多亏了他。尽管将士们心中不满，但因畏惧其权势而不敢表达。后来，在官渡之战中，袁绍大败，他不仅没有进行自我反省，反而迁怒于他人，最终导致众叛亲离。

孙权推功揽过的做法得到了众将士的敬重和拥戴，使得看似弱小的东吴政权得以长期存续。而袁绍尽管曾权势滔天，但其揽功推过的行为使他失去了民心，最终导致失败。

所谓推功，就是要淡泊名利，不应过分看重个人的名与利，否则会逐渐失去威信。成功的人都懂得与他人分享成果。他们不会独自享受成功的喜悦，而是愿意给予团队其他成员应有的肯定和赞赏。这不仅能激发团队的潜能，增强团队的凝聚力，还能帮助自己树立良好的口碑和形象。

历史爱好者都知道，那些立下赫赫战功的臣子往往难以善终。许多功勋卓著的大臣结局都不尽如人意。其实原因不难理解。一方面，他们因功高震主而威胁到皇权；另一方面，他们也容易引起同僚的嫉妒，招致攻击和陷害。对于这些功臣来说，要想全身而退，推功揽过便是一种必要的策略。

作为晚清时期的一代名臣，曾国藩不仅是湘军的创始人和统帅，还平定了太平天国运动。正是在他的努力下，晚清政府得以延续数十年。此外，中国的第一艘轮船、第一座兵工学堂等重大成就，也都是在他的倡议下实现的。

曾国藩深谙“飞鸟尽，良弓藏”的道理，他对朝堂上的局势洞若观火，始终保持着清醒的头脑，时刻提醒自己要居安思危，不得骄傲自满。

曾国藩曾说过：“功不必自己出，名不必自己成。”每次军队打了胜仗，他除了论功行赏，还会向朝廷保举那些立功的军官。在攻打长江重镇时，他的弟弟曾国荃功不可没。然而，在论功行赏时，他却把策划谋略和攻城拔寨的功劳都让给旁人。

太平天国被剿灭后，曾国藩上书认为一切功劳都是皇帝、太后和朝廷的，归于协同作战的友军。随后，他又采取让弟弟曾国荃辞官、大量裁减湘军等一系列措施，使自己避免遭到同僚的嫉恨和朝廷的猜忌，帮助曾家化险为夷，自己也得以善终。曾国藩病逝后，朝廷辍朝三日，并追封其为太傅，谥号“文正”，祀京师昭忠祠、贤良祠，各省建立专祠。

曾国藩在世时，官至两江总督、直隶总督、武英殿大学士，还被封为一等毅勇侯，死后还能获诸多殊荣，他的智慧和谋略，着实令人钦佩。

所谓揽过，就是有与别人共同承担过失的勇气和共同渡过难关的意愿。《道德经》中说：“故圣人云：受国之垢，是谓社稷主；受国不祥，是为天下王。”能够承受屈辱并保全国家的人，才能做一国之主。能够承受国家灾难的人，才能成为国家的君王。这就是我们所说的“揽过”。

《史记》中记载了“李离伏剑”的故事。

春秋战国时期，晋国有一位执法严明、刚正不阿的大法官——李离。他执法断案，向来以公正无私著称，在晋国上下颇具威望。

然而，一次断案过程中，因下属在收集案件证据时敷衍塞责，对关键证人证言没有仔细核实，导致李离做出了错误的判决，致使无辜之人含冤而死。这一严重失误，让李离陷入了深深的自责与痛苦之中。

李离深知，执法断案，责任重于泰山，容不得半点差错。如今因自己的失察，酿成如此大祸，他觉得自己罪无可赦。于是，他毫不犹豫地将自己拘禁起来，准备接受应有的惩罚。

晋文公听闻此事后，赶忙前来劝说李离。他宽慰道：“官职有贵有贱，所处刑罚也有轻有重，下属官吏有罪，并非你的过错，你不必如此自责。”但李离坚决不从，他神色凝重地回应：“我担任的官职是长官，从未将官职让给下属；领取的俸禄多，也未曾与下属分享利益。现在误听失察，错杀了人，却把责任推给下属，这是不合理的。”

最终，李离不肯接受赦令，他毅然拔剑自刎，以死谢罪。

在职场、社交活动和家庭生活中，推功揽过仍然具有重要的作用。不过，想要用好这个方法，需要注意以下两点。

第一，推功要巧妙。取得成绩时，我们不应忘记感谢同事的帮助和领导的提携。与人交往时，不妨多赞美对方的优点和才华，让对方感受到我们的关注。面对家人的付出，也不要忘记表达感谢。

第二，揽过要适度。任务失败，出现错误时，需要有人来“揽过”。但是，这个“过”该不该揽？该如何揽？需要我们把握好尺度。无关紧要的小错可以承担，但大错却不应盲目地包揽。

第四节

懂得释怀，不计前嫌、不念旧恶

放下过去的怨恨、矛盾和不快，不再让曾经的纠纷和嫌隙影响当前和未来的自己。这并非简单的遗忘，而是一种积极的选择，是心灵的一种宽容和释怀。

《素书》中有这样一句话："念旧恶而弃新功者凶。"意思是说一个人如果对过去的仇怨耿耿于怀，并因此抹杀对方新近的功绩，那将是一件危险的事。俗话说"宰相肚子能撑船"，真正成就大事的人，都是有气量和风度的人。

齐国内乱时，诸公子纷纷逃走躲避灾祸。其中，公子小白和心腹鲍叔牙逃往莒国，公子纠和心腹管仲逃往鲁国。

不久之后，齐襄公被杀，国内群龙无首。两位公子均急匆匆返回齐国，意图争夺国君之位。由于莒国距齐国较近，公子纠和管仲心急如焚，担心公子小白和鲍叔牙率先抵达。管仲遂策划一计，暗中拦截公子小白，乘其不备射出一箭。公子小白惨叫一声，口吐鲜血，栽倒在地。

公子纠和管仲以为公子小白已死，便放心地返回齐国。不料，公子小白早已抢先回国登基为王。原来，公子小白并未丧命，他只是假装中箭以迷惑管仲。

公子小白即位，成为齐桓公。他想封鲍叔牙为相，却遭到拒绝。鲍叔牙认为，如果齐国想称霸天下，管仲不可或缺。齐桓公采纳了鲍叔牙的建议，在管仲被押解回国时，亲自为他松绑，并拜他为丞相。管仲深受感动，从此尽心辅佐齐桓公。齐国由此进入鼎盛时期，成为春秋五霸之一。

正是齐桓公的宽容大度、不计前嫌，成就了春秋时期齐国的霸业。齐桓公与管仲的君臣关系，也成为后世称颂的典范。

我们难免会遭遇反对、攻击和伤害。对待这些人的方式，反映了一个人的胸襟和品格。有的人选择不计前嫌，宽恕他人；而有的人则选择以牙还牙，睚眦必报。不难看出，前者是具有道德的人，能够成就大业。

仇恨只会滋生更多的仇恨，宽容却可以凝聚人心。“冤冤相报何时了”，与其纠缠于往日的恩怨，不如放下前嫌，向前看。

魏徵曾是太子李建成的谋士，他深知李世民才能出众、野心勃勃，因而多次劝李建成对李世民早做防备，甚至直言建议先下手为强除掉李世民，以绝后患。

然而，玄武门之变后，李世民登基成为唐太宗。魏徵被押到唐太宗面前，朝堂气氛紧张压抑，众人都以为魏徵必死无疑。唐太宗目光犀利地看向魏徵，质问道：“你为什么离间我们兄弟？”魏徵神色坦然，毫无惧色地回答：“太子要是按照我说的去做，就没有今日之祸了。”

唐太宗见魏徵如此直率，且观其言行，深感他颇有才能。他没有计较过往的恩怨，反而重用魏徵为谏议大夫。此后，魏徵常常直言进谏，唐太宗大多虚心采纳。在魏徵的辅佐下，唐朝政治清明、经济繁荣，出现了“贞观之治”的盛世局面，为后世所传颂。

能摒弃过往恩怨，以纯粹的用人眼光看待他人，需要极大的胸怀与气度。唐太宗不计前嫌的举动，不仅为魏徵提供了施展才华的广阔舞台，更让天下人看到了他的宽容大度。此后，在魏徵的辅佐下，唐太宗广开言路，虚心纳谏，君臣二人携手共进，缔造了“贞观之治”

的盛世局面。

斯宾诺莎曾说："心不是靠武力征服，而是靠爱和宽容大度征服。"以牙还牙的做法，只能让对方表面上屈服，却无法从内心深处征服对方，反而可能为自己埋下更多怨恨，树立更多敌人。作为管理者，如果因为和下属的一点儿小矛盾就寻机报复，下属很可能会选择离开，这不仅失去了一位人才，还可能在组织内部造成恐慌，将失去大家的信任和尊敬，得不偿失。明智的管理者通常不会给自己制造这种麻烦，即便面对下属的冒犯，他们也会保持冷静，以宽容的态度应对。

在评价一个人的时候，我们不应仅凭其一时的言辞或行为的对错，就轻易判断这个人的好坏。人非圣贤，孰能无过。如果仅仅因为一次错误就全盘否定一个人，未免过于偏颇。宽恕小错，多关注其优点，我们才能减少许多不必要的怨恨。